KB181075

한솔 완벽한 연산

수학은 마라톤입니다.
지금 여러분은 출발 지점에 서 있습니다.
초등학교 저학년 때는
수학 마라톤을 잘 하기 위해
기초 체력을 튼튼히 길러야 합니다.

한솔 완벽한 연산으로 시작하세요.
마라톤을 잘 뛸 수 있는 완벽한 연산 실력을 키워줍니다.

왜 완벽한 연산인가요?

기초 연산은 물론, 학교 연산까지 이 책 시리즈 하나면 완벽하게 끝나기 때문입니다. '한솔 완벽한 연산'은 하루 8쪽씩, 5일 동안 4주분을 학습하고, 마지막 주에는 학교 시험에 완벽하게 대비할 수 있도록 '연산 UP' 16쪽을 추가로 제공합니다.

매일 꾸준한 연습으로 연산 실력을 키우기에 충분한 학습량입니다.

'한솔 완벽한 연산' 하나면 기초 연산도 학교 연산도 완벽하게 대비할 수 있습니다.

 몇 단계로 구성되고, 몇 학년이 풀 수 있나요?

모두 6단계로 구성되어 있습니다.

'한솔 완벽한 연산'은 한 단계가 1개 학년이 아닙니다. 연산의 기초 훈련이 가장 필요한 시기인 초등 2~3학년에 집중하여 여러 단계로 구성하였습니다.

이 시기에는 수학의 기초 체력을 튼튼히 길러야 하니까요.

단계	권장 학년	학습 내용
MA	6~7세	100까지의 수, 더하기와 빼기
MB	초등 1~2학년	한 자리 수의 덧셈, 두 자리 수의 덧셈
MC	초등 1~2학년	두 자리 수의 덧셈과 뺄셈
MD	초등 2~3학년	두·세 자리 수의 덧셈과 뺄셈
ME	초등 2~3학년	곱셈구구, (두·세 자리 수)×(한 자리 수), (두·세 자리 수)÷(한 자리 수)
MF	초등 3~4학년	(두·세 자리 수)×(두 자리 수), (두·세 자리 수)÷(두 자리 수), 분수·소수의 덧셈과 뺄셈

❓ 책 한 권은 어떻게 구성되어 있나요?

✎ 책 한 권은 모두 4주 학습으로 구성되어 있습니다.

한 주는 모두 40쪽으로 하루에 8쪽씩, 5일 동안 푸는 것을 권장합니다.

마지막 5주차에는 학교 시험에 대비할 수 있는 '연산 UP'을 학습합니다.

❓ '한솔 완벽한 연산'도 매일매일 풀어야 하나요?

✎ 물론입니다. 매일매일 규칙적으로 연습을 해야 연산 능력이 향상되기 때문입니다.

월요일부터 금요일까지 매일 8쪽씩, 4주 동안 규칙적으로 풀고, 마지막 주에 '연산 UP' 16쪽을 다 풀면 한 권 학습이 끝납니다.

매일매일 푸는 습관이 잡히면 개인 진도에 따라 두 달에 3권을 푸는 것도 가능합니다.

❓ 하루 8쪽씩이라구요? 너무 많은 양 아닌가요?

✎ '한솔 완벽한 연산'은 술술 풀면서 잘 넘어가는 학습지입니다.

공부하는 학생 입장에서는 빡빡한 문제를 4쪽 푸는 것보다 술술 넘어가는 문제를 8쪽 푸는 것이 훨씬 큰 성취감을 느낄 수 있습니다.

'한솔 완벽한 연산'은 학생의 연령을 고려해 쪽당 학습량을 전략적으로 구성했습니다. 그래서 학생이 부담을 덜 느끼면서 효과적으로 학습할 수 있습니다.

학교 진도와 맞추려면 어떻게 공부해야 하나요?

 이 책은 한 권을 한 달 동안 푸는 것을 권장합니다.

각 단계별 학교 진도는 다음과 같습니다.

단계	MA	MB	MC	MD	ME	MF
권 수	8권	5권	7권	7권	7권	7권
학교 진도	초등 이전	초등 1학년	초등 2학년	초등 3학년	초등 3학년	초등 4학년

초등학교 1학년이 3월에 MB 단계부터 매달 1권씩 꾸준히 푼다고 한다면 2학년
이 시작될 때 MD 단계를 풀게 되고, 3학년 때 MF 단계(4학년 과정)까지 마무
리할 수 있습니다.

이 책 시리즈로 꼼꼼히 학습하게 되면 일반 방문학습지 못지 않게 충분한 연
산 실력을 쌓게 되고 조금씩 다음 학년 진도까지 학습할 수 있다는 장점이 있
습니다.

매일 꾸준히 성실하게 학습한다면 학년 구분 없이 원하는 진도를 스스로 계획하
고 진행해 나갈 수 있습니다.

'연산 UP'은 어떻게 공부해야 하나요?

'연산 UP'은 4주 동안 훈련한 연산 능력을 확인하는 과정이자 학교에서 흔히
접하는 계산 유형 문제까지 접할 수 있는 코너입니다.

'연산 UP'의 구성은 다음과 같습니다.

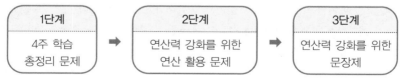

'연산 UP'은 모두 16쪽으로 구성되었으므로 하루 8쪽씩 2일 동안 학습하고, 다
음 단계로 진행할 것을 권장합니다.

6~7세

권	제목		주차별 학습 내용
1	20까지의 수 1	1주	5까지의 수 (1)
		2주	5까지의 수 (2)
		3주	5까지의 수 (3)
		4주	10까지의 수
2	20까지의 수 2	1주	10까지의 수 (1)
		2주	10까지의 수 (2)
		3주	20까지의 수 (1)
		4주	20까지의 수 (2)
3	20까지의 수 3	1주	20까지의 수 (1)
		2주	20까지의 수 (2)
		3주	20까지의 수 (3)
		4주	20까지의 수 (4)
4	50까지의 수	1주	50까지의 수 (1)
		2주	50까지의 수 (2)
		3주	50까지의 수 (3)
		4주	50까지의 수 (4)
5	1000까지의 수	1주	100까지의 수 (1)
		2주	100까지의 수 (2)
		3주	100까지의 수 (3)
		4주	1000까지의 수
6	수 가르기와 모으기	1주	수 가르기 (1)
		2주	수 가르기 (2)
		3주	수 모으기 (1)
		4주	수 모으기 (2)
7	덧셈의 기초	1주	상황 속 덧셈
		2주	더하기 1
		3주	더하기 2
		4주	더하기 3
8	뺄셈의 기초	1주	상황 속 뺄셈
		2주	빼기 1
		3주	빼기 2
		4주	빼기 3

 초등 1 · 2학년 ①

권	제목		주차별 학습 내용
1	덧셈 1	1주	받아올림이 없는 (한 자리 수)+(한 자리 수) (1)
		2주	받아올림이 없는 (한 자리 수)+(한 자리 수) (2)
		3주	받아올림이 없는 (한 자리 수)+(한 자리 수) (3)
		4주	받아올림이 없는 (두 자리 수)+(한 자리 수)
2	덧셈 2	1주	받아올림이 없는 (두 자리 수)+(한 자리 수)
		2주	받아올림이 있는 (한 자리 수)+(한 자리 수) (1)
		3주	받아올림이 있는 (한 자리 수)+(한 자리 수) (2)
		4주	받아올림이 있는 (한 자리 수)+(한 자리 수) (3)
3	뺄셈 1	1주	(한 자리 수)-(한 자리 수) (1)
		2주	(한 자리 수)-(한 자리 수) (2)
		3주	(한 자리 수)-(한 자리 수) (3)
		4주	받아내림이 없는 (두 자리 수)-(한 자리 수)
4	뺄셈 2	1주	받아내림이 없는 (두 자리 수)-(한 자리 수)
		2주	받아내림이 있는 (두 자리 수)-(한 자리 수) (1)
		3주	받아내림이 있는 (두 자리 수)-(한 자리 수) (2)
		4주	받아내림이 있는 (두 자리 수)-(한 자리 수) (3)
5	덧셈과 뺄셈의 완성	1주	(한 자리 수)+(한 자리 수), (한 자리 수)-(한 자리 수)
		2주	세 수의 덧셈, 세 수의 뺄셈 (1)
		3주	(두 자리 수)+(한 자리 수), (두 자리 수)-(한 자리 수)
		4주	세 수의 덧셈, 세 수의 뺄셈 (2)

초등 1 · 2학년 ②

 초등 2 · 3학년 ①

초등 2 · 3학년 ②

권	제목	주차별 학습 내용	
1	곱셈구구	1주	곱셈구구 (1)
		2주	곱셈구구 (2)
		3주	곱셈구구 (3)
		4주	곱셈구구 (4)
2	(두 자리 수)×(한 자리 수) 1	1주	곱셈구구 종합
		2주	(두 자리 수)×(한 자리 수) (1)
		3주	(두 자리 수)×(한 자리 수) (2)
		4주	(두 자리 수)×(한 자리 수) (3)
3	(두 자리 수)×(한 자리 수) 2	1주	(두 자리 수)×(한 자리 수) (1)
		2주	(두 자리 수)×(한 자리 수) (2)
		3주	(두 자리 수)×(한 자리 수) (3)
		4주	(두 자리 수)×(한 자리 수) (4)
4	(세 자리 수)×(한 자리 수)	1주	(세 자리 수)×(한 자리 수) (1)
		2주	(세 자리 수)×(한 자리 수) (2)
		3주	(세 자리 수)×(한 자리 수) (3)
		4주	곱셈 종합
5	(두 자리 수)÷(한 자리 수) 1	1주	나눗셈의 기초 (1)
		2주	나눗셈의 기초 (2)
		3주	나눗셈의 기초 (3)
		4주	(두 자리 수)÷(한 자리 수)
6	(두 자리 수)÷(한 자리 수) 2	1주	(두 자리 수)÷(한 자리 수) (1)
		2주	(두 자리 수)÷(한 자리 수) (2)
		3주	(두 자리 수)÷(한 자리 수) (3)
		4주	(두 자리 수)÷(한 자리 수) (4)
7	(두·세 자리 수)÷(한 자리 수)	1주	(두 자리 수)÷(한 자리 수) (1)
		2주	(두 자리 수)÷(한 자리 수) (2)
		3주	(세 자리 수)÷(한 자리 수) (1)
		4주	(세 자리 수)÷(한 자리 수) (2)

초등 3 · 4학년

권	제목	주차별 학습 내용	
1	(두 자리 수)×(두 자리 수)	1주	(두 자리 수)×(한 자리 수)
		2주	(두 자리 수)×(두 자리 수) (1)
		3주	(두 자리 수)×(두 자리 수) (2)
		4주	(두 자리 수)×(두 자리 수) (3)
2	(두·세 자리 수)×(두 자리 수)	1주	(두 자리 수)×(두 자리 수)
		2주	(세 자리 수)×(두 자리 수) (1)
		3주	(세 자리 수)×(두 자리 수) (2)
		4주	곱셈의 완성
3	(두 자리 수)÷(두 자리 수)	1주	(두 자리 수)÷(두 자리 수) (1)
		2주	(두 자리 수)÷(두 자리 수) (2)
		3주	(두 자리 수)÷(두 자리 수) (3)
		4주	(두 자리 수)÷(두 자리 수) (4)
4	(세 자리 수)÷(두 자리 수)	1주	(세 자리 수)÷(두 자리 수) (1)
		2주	(세 자리 수)÷(두 자리 수) (2)
		3주	(세 자리 수)÷(두 자리 수) (3)
		4주	나눗셈의 완성
5	혼합 계산	1주	혼합 계산 (1)
		2주	혼합 계산 (2)
		3주	혼합 계산 (3)
		4주	곱셈과 나눗셈, 혼합 계산 총정리
6	분수의 덧셈과 뺄셈	1주	분수의 덧셈 (1)
		2주	분수의 덧셈 (2)
		3주	분수의 뺄셈 (1)
		4주	분수의 뺄셈 (2)
7	소수의 덧셈과 뺄셈	1주	분수의 덧셈과 뺄셈
		2주	소수의 기초, 소수의 덧셈과 뺄셈 (1)
		3주	소수의 덧셈과 뺄셈 (2)
		4주	소수의 덧셈과 뺄셈 (3)

주별 **학습** 내용　ME단계 **1**권

곱셈구구 (1)

1주차

요일	교재 번호	학습한 날짜		확인
1일차(월)	01~08	월	일	
2일차(화)	09~16	월	일	
3일차(수)	17~24	월	일	
4일차(목)	25~32	월	일	
5일차(금)	33~40	월	일	

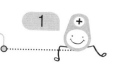

● 그림을 보고 □ 안에 알맞은 수를 쓰시오.

(1)

5개짜리 □ 1 묶음

$5 \times 1 = $ ☐ 5

(2)

5개짜리 □ 묶음

$5 \times 2 = $ ☐

(3)

5개짜리 □ 묶음

$5 \times 3 = $ ☐

(4)

5개짜리 □ 묶음

$5 \times 4 = $ ☐

(5)

5개짜리 □ 묶음

$5 \times 5 = $ ☐

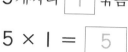

Talk 한 묶음씩 늘어날 때마다 5개씩 늘어나므로 5개짜리 ▲묶음은 5×▲로 나타냅니다.

(6)

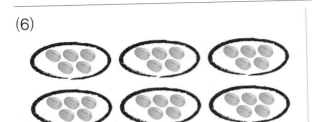

5개짜리 ☐ 묶음

$5 \times 6 =$ ☐

(7)

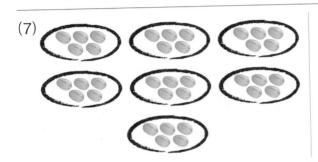

5개짜리 ☐ 묶음

$5 \times 7 =$ ☐

(8)

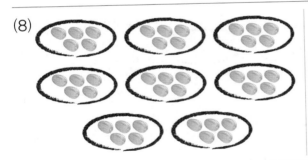

5개짜리 ☐ 묶음

$5 \times 8 =$ ☐

(9)

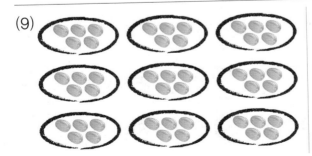

5개짜리 ☐ 묶음

$5 \times 9 =$ ☐

● 덧셈식을 보고 곱셈을 하시오.

(1) 5 $\qquad$ $5 \times 1 = \boxed{}$

(2) $5 + 5 = 10$ $\qquad$ $5 \times 2 = \boxed{}$

(3) $5 + 5 + 5 = 15$ $\qquad$ $5 \times 3 = \boxed{}$

(4) $5 + 5 + 5 + 5 = 20$ $\qquad$ $5 \times 4 = \boxed{}$

(5) $5 + 5 + 5 + 5 + 5 = 25$ $\qquad$ $5 \times 5 = \boxed{}$

(6) $5 + 5 + 5 + 5 + 5 + 5 = 30$ $\qquad$ $5 \times 6 = \boxed{}$

(7) $5 + 5 + 5 + 5 + 5 + 5 + 5 = 35$ $\qquad$ $5 \times 7 = \boxed{}$

(8) $5 + 5 + 5 + 5 + 5 + 5 + 5 + 5 = 40$ $\qquad$ $5 \times 8 = \boxed{}$

(9) $5 + 5 + 5 + 5 + 5 + 5 + 5 + 5 + 5 = 45$ $\qquad$ $5 \times 9 = \boxed{}$

Talk 같은 수를 반복하여 더한 합은 그 수에 더한 횟수만큼 곱한 것과 같습니다.
따라서 5를 ★번 더한 것은 5 × ★로 나타냅니다.

● 덧셈식을 보고 곱셈을 하시오.

(10) $5+5+5+5=20$ $5 \times 4 =$ ⬜

(11) $5+5+5+5+5+5+5=35$ $5 \times 7 =$ ⬜

(12) $5+5+5+5+5=25$ $5 \times 5 =$ ⬜

(13) $5+5+5+5+5+5+5+5+5=45$ $5 \times 9 =$ ⬜

(14) $5+5=10$ $5 \times 2 =$ ⬜

(15) $5+5+5+5+5+5=30$ $5 \times 6 =$ ⬜

(16) $5+5+5=15$ $5 \times 3 =$ ⬜

(17) $5+5+5+5+5+5+5+5=40$ $5 \times 8 =$ ⬜

(18) 5 $5 \times 1 =$ ⬜

5

● 빈칸에 알맞은 수를 쓰시오.

(1) 5 — 10 — ☐ — ☐ — 25 — 30

(2) 10 — 15 — ☐ — ☐ — 30 — ☐

(3) ☐ — 20 — 25 — 30 — ☐ — ☐

(4) 20 — ☐ — 30 — ☐ — 40 — ☐

● 곱셈을 하시오.

(5) $5 \times 1 =$

(6) $5 \times 2 =$

(7) $5 \times 3 =$

(8) $5 \times 4 =$

(9) $5 \times 5 =$

(10) $5 \times 6 =$

(11) $5 \times 7 =$

(12) $5 \times 8 =$

(13) $5 \times 9 =$

★ (14) $5 \times 10 = 50$

Talk 5의 단 곱셈구구는 5씩 커집니다. 따라서 5×10은 5×9보다 5 큰 수입니다.

● 빈칸에 알맞은 수를 쓰시오.

(15) 5 — 10 — ☐ — 20 — ☐ — 30

(16) 10 — ☐ — 20 — ☐ — 30 — ☐

(17) 15 — 20 — ☐ — ☐ — ☐ — 40

(18) ☐ — ☐ — 30 — 35 — 40 — ☐

● 곱셈을 하시오.

(19) $5 \times 9 =$ (24) $5 \times 4 =$

(20) $5 \times 8 =$ (25) $5 \times 3 =$

(21) $5 \times 7 =$ (26) $5 \times 2 =$

(22) $5 \times 6 =$ (27) $5 \times 1 =$

(23) $5 \times 5 =$ ★(28) $5 \times 0 = 0$

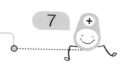

● 빈칸에 알맞은 수를 쓰시오.

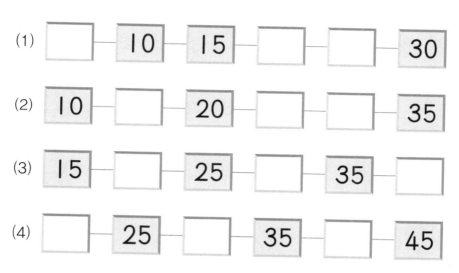

(1) ☐ — 10 — 15 — ☐ — ☐ — 30

(2) 10 — ☐ — 20 — ☐ — ☐ — 35

(3) 15 — ☐ — 25 — ☐ — 35 — ☐

(4) ☐ — 25 — ☐ — 35 — ☐ — 45

● 곱셈을 하시오.

(5) 5 × 2 =

(6) 5 × 3 =

(7) 5 × 1 =

(8) 5 × 4 =

(9) 5 × 5 =

(10) 5 × 0 =

(11) 5 × 7 =

(12) 5 × 8 =

(13) 5 × 9 =

(14) 5 × 6 =

● 빈칸에 알맞은 수를 쓰시오.

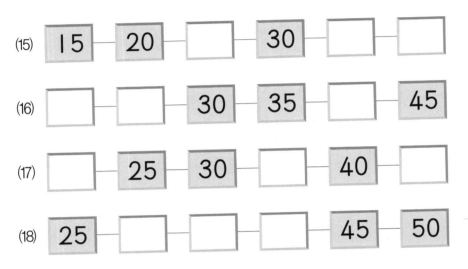

(15) | 15 | 20 | | 30 | | |

(16) | | | 30 | 35 | | 45 |

(17) | | 25 | 30 | | 40 | |

(18) | 25 | | | | 45 | 50 |

● 곱셈을 하시오.

(19) 5 × 4 =

(20) 5 × 5 =

(21) 5 × 6 =

(22) 5 × 7 =

(23) 5 × 1 =

(24) 5 × 2 =

(25) 5 × 3 =

(26) 5 × 8 =

(27) 5 × 9 =

(28) 5 × 10 =

ME01 곱셈구구 (1)

● 빈칸에 알맞은 수를 쓰시오.

(1) | 5 | 10 | | | 25 | |

(2) | | 15 | 20 | | | 35 |

(3) | 15 | | | 30 | | 40 |

(4) | 20 | | 30 | 35 | | |

● 곱셈을 하시오.

(5) 5 × 1 =

(6) 5 × 4 =

(7) 5 × 7 =

(8) 5 × 2 =

(9) 5 × 9 =

(10) 5 × 6 =

(11) 5 × 3 =

(12) 5 × 8 =

(13) 5 × 5 =

(14) 5 × 0 =

● 빈칸에 알맞은 수를 쓰시오.

(15) [ ] — [10] — [15] — [ ] — [25] — [ ]

(16) [10] — [ ] — [ ] — [25] — [ ] — [35]

(17) [15] — [ ] — [25] — [ ] — [ ] — [40]

(18) [ ] — [25] — [ ] — [35] — [40] — [ ]

● 곱셈을 하시오.

(19) $5 \times 6 =$

(20) $5 \times 5 =$

(21) $5 \times 1 =$

(22) $5 \times 9 =$

(23) $5 \times 2 =$

(24) $5 \times 3 =$

(25) $5 \times 7 =$

(26) $5 \times 10 =$

(27) $5 \times 4 =$

(28) $5 \times 8 =$

● 곱셈구구표를 큰 소리로 3번 읽은 다음, 곱셈을 하시오.

$5 \times 1 = 5$
오   일은   오

$5 \times 2 = 10$
오   이   십

$5 \times 3 = 15$
오   삼   십오

$5 \times 4 = 20$
오   사   이십

$5 \times 5 = 25$
오   오   이십오

$5 \times 6 = 30$
오   육   삼십

$5 \times 7 = 35$
오   칠   삼십오

$5 \times 8 = 40$
오   팔   사십

$5 \times 9 = 45$
오   구   사십오

(1) $5 \times 1 =$

(2) $5 \times 2 =$

(3) $5 \times 3 =$

(4) $5 \times 4 =$

(5) $5 \times 5 =$

(6) $5 \times 6 =$

(7) $5 \times 7 =$

(8) $5 \times 8 =$

(9) $5 \times 9 =$

(10) $5 \times 10 = 50$

1   2   3

 Talk 곱셈구구표를 큰 소리로 한 번 씩 읽을 때마다 체크합니다.

$5 \times 1 = 5$

$5 \times 2 = 10$

$5 \times 3 = 15$

$5 \times 4 = 20$

$5 \times 5 = 25$

$5 \times 6 = 30$

$5 \times 7 = 35$

$5 \times 8 = 40$

$5 \times 9 = 45$

(11) $5 \times 9 =$

(12) $5 \times 8 =$

(13) $5 \times 7 =$

(14) $5 \times 6 =$

(15) $5 \times 5 =$

(16) $5 \times 4 =$

(17) $5 \times 3 =$

(18) $5 \times 2 =$

(19) $5 \times 1 =$

(20) $5 \times 0 = 0$

(21) $5 \times 10 =$

1 2 3

● 곱셈구구표를 큰 소리로 3번 읽은 다음, 곱셈을 하시오.

$5 \times 1 = $ ▨

$5 \times 2 = 10$

$5 \times 3 = 15$

$5 \times 4 = $ ▨

$5 \times 5 = 25$

$5 \times 6 = 30$

$5 \times 7 = $ ▨

$5 \times 8 = 40$

$5 \times 9 = $ ▨

① ② ③

(1) $5 \times 3 = $

(2) $5 \times 1 = $

(3) $5 \times 8 = $

(4) $5 \times 2 = $

(5) $5 \times 9 = $

(6) $5 \times 7 = $

(7) $5 \times 4 = $

(8) $5 \times 10 = $

(9) $5 \times 5 = $

(10) $5 \times 6 = $

$5 \times 1 = 5$

$5 \times 2 = $ ~~10~~

$5 \times 3 = $ ~~15~~

$5 \times 4 = 20$

$5 \times 5 = $ ~~25~~

$5 \times 6 = $ ~~30~~

$5 \times 7 = 35$

$5 \times 8 = $ ~~40~~

$5 \times 9 = 45$

(11) $5 \times 4 =$

(12) $5 \times 0 =$

(13) $5 \times 5 =$

(14) $5 \times 3 =$

(15) $5 \times 9 =$

(16) $5 \times 10 =$

(17) $5 \times 8 =$

(18) $5 \times 2 =$

(19) $5 \times 7 =$

(20) $5 \times 6 =$

(21) $5 \times 1 =$

1 2 3

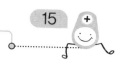

● 곱셈을 하시오.

(1) $5 \times 4 =$

(2) $5 \times 3 =$

(3) $5 \times 7 =$

(4) $5 \times 1 =$

(5) $5 \times 8 =$

(6) $5 \times 2 =$

(7) $5 \times 9 =$

(8) $5 \times 5 =$

(9) $5 \times 2 =$

(10) $5 \times 8 =$

(11) $5 \times 0 =$

(12) $5 \times 6 =$

(13) $5 \times 7 =$

(14) $5 \times 3 =$

(15) $5 \times 10 =$

(16) $5 \times 4 =$

×	1	2	3	4	5	6	7	8	9
5	5								

(17) $5 \times 3 =$

(18) $5 \times 7 =$

(19) $5 \times 6 =$

(20) $5 \times 8 =$

(21) $5 \times 2 =$

(22) $5 \times 9 =$

(23) $5 \times 4 =$

(24) $5 \times 5 =$

(25) $5 \times 10 =$

(26) $5 \times 2 =$

(27) $5 \times 4 =$

(28) $5 \times 8 =$

(29) $5 \times 0 =$

(30) $5 \times 6 =$

(31) $5 \times 7 =$

(32) $5 \times 3 =$

(33) $5 \times 9 =$

(34) $5 \times 1 =$

×	9	8	7	6	5	4	3	2	1
5	45								

ME01 곱셈구구 (1)

● 그림을 보고 □ 안에 알맞은 수를 쓰시오.

(1)

2개짜리 □1 묶음

2 × 1 = 2

(2)

2개짜리 □ 묶음

2 × 2 =

(3)

2개짜리 □ 묶음

2 × 3 =

(4)

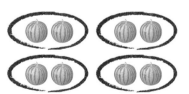

2개짜리 □ 묶음

2 × 4 =

(5)

2개짜리 □ 묶음

2 × 5 =

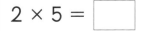 한 묶음씩 늘어날 때마다 2개씩 늘어나므로 2개짜리 ▲묶음은 2 × ▲로 나타냅니다.

(6)

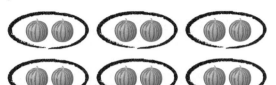

2개짜리 ☐ 묶음

$2 \times 6 =$ ☐

(7)

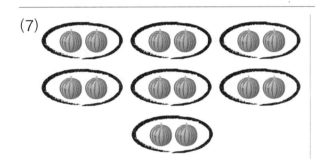

2개짜리 ☐ 묶음

$2 \times 7 =$ ☐

(8)

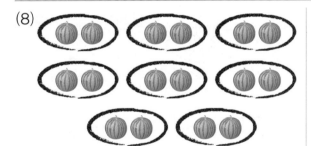

2개짜리 ☐ 묶음

$2 \times 8 =$ ☐

(9)

2개짜리 ☐ 묶음

$2 \times 9 =$ ☐

ME01 곱셈구구 (1)

● 덧셈식을 보고 곱셈을 하시오.

(1) 2 | $2 \times 1 = \boxed{}$

(2) 2+2=4 | $2 \times 2 = \boxed{}$

(3) 2+2+2=6 | $2 \times 3 = \boxed{}$

(4) 2+2+2+2=8 | $2 \times 4 = \boxed{}$

(5) 2+2+2+2+2=10 | $2 \times 5 = \boxed{}$

(6) 2+2+2+2+2+2=12 | $2 \times 6 = \boxed{}$

(7) 2+2+2+2+2+2+2=14 | $2 \times 7 = \boxed{}$

(8) 2+2+2+2+2+2+2+2=16 | $2 \times 8 = \boxed{}$

(9) 2+2+2+2+2+2+2+2+2=18 | $2 \times 9 = \boxed{}$

Talk 같은 수를 반복하여 더한 합은 그 수에 더한 횟수만큼 곱한 것과 같습니다.
따라서 2를 ★번 더한 것은 2 × ★로 나타냅니다.

● 덧셈식을 보고 곱셈을 하시오.

(10) $2+2=4$ $2 \times 2 = \boxed{}$

(11) $2+2+2+2+2+2=12$ $2 \times 6 = \boxed{}$

(12) $2+2+2+2+2+2+2+2+2=18$ $2 \times 9 = \boxed{}$

(13) $2+2+2=6$ $2 \times 3 = \boxed{}$

(14) $2+2+2+2+2+2+2+2=16$ $2 \times 8 = \boxed{}$

(15) $2+2+2+2+2=10$ $2 \times 5 = \boxed{}$

(16) 2 $2 \times 1 = \boxed{}$

(17) $2+2+2+2=8$ $2 \times 4 = \boxed{}$

(18) $2+2+2+2+2+2+2=14$ $2 \times 7 = \boxed{}$

ME01 곱셈구구 (1)

● 빈칸에 알맞은 수를 쓰시오.

(1) 2 — 4 — ☐ — ☐ — 10 — 12

(2) ☐ — 6 — 8 — ☐ — 12 — ☐

(3) 6 — ☐ — 10 — 12 — ☐ — ☐

(4) 8 — ☐ — ☐ — 14 — ☐ — 18

● 곱셈을 하시오.

(5) 2 × 1 =

(6) 2 × 2 =

(7) 2 × 3 =

(8) 2 × 4 =

(9) 2 × 5 =

(10) 2 × 6 =

(11) 2 × 7 =

(12) 2 × 8 =

(13) 2 × 9 =

★(14) 2 × 10 = 20

 Talk 2의 단 곱셈구구는 2씩 커집니다. 따라서 2×10은 2×9보다 2 큰 수입니다.

● 빈칸에 알맞은 수를 쓰시오.

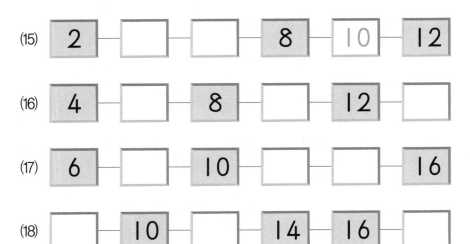

(15) | 2 | | | 8 | 10 | 12 |

(16) | 4 | | 8 | | 12 | |

(17) | 6 | | 10 | | | 16 |

(18) | | 10 | | 14 | 16 | |

● 곱셈을 하시오.

(19) 2 × 9 =

(20) 2 × 8 =

(21) 2 × 7 =

(22) 2 × 6 =

(23) 2 × 5 =

(24) 2 × 4 =

(25) 2 × 3 =

(26) 2 × 2 =

(27) 2 × 1 =

★ (28) 2 × 0 = 0

● 빈칸에 알맞은 수를 쓰시오.

(1) 2 — ☐ — ☐ — ☐ — 10 — 12

(2) 4 — ☐ — 8 — ☐ — ☐ — 14

(3) ☐ — 8 — ☐ — 12 — 14 — ☐

(4) ☐ — 10 — ☐ — ☐ — 16 — 18

● 곱셈을 하시오.

(5) 2 × 1 =

(6) 2 × 2 =

(7) 2 × 4 =

(8) 2 × 5 =

(9) 2 × 3 =

(10) 2 × 7 =

(11) 2 × 6 =

(12) 2 × 8 =

(13) 2 × 9 =

(14) 2 × 0 =

● 빈칸에 알맞은 수를 쓰시오.

(15) 4 — 6 — ☐ — 10 — ☐ — ☐

(16) ☐ — 8 — 10 — ☐ — 14 — ☐

(17) 8 — ☐ — 12 — ☐ — ☐ — 18

(18) 10 — ☐ — ☐ — 16 — ☐ — 20

● 곱셈을 하시오.

(19) $2 \times 3 =$

(20) $2 \times 4 =$

(21) $2 \times 2 =$

(22) $2 \times 7 =$

(23) $2 \times 8 =$

(24) $2 \times 9 =$

(25) $2 \times 10 =$

(26) $2 \times 1 =$

(27) $2 \times 6 =$

(28) $2 \times 5 =$

● 빈칸에 알맞은 수를 쓰시오.

(1) | 2 | — | | — | 6 | — | | — | 10 | — | |

(2) | | — | 6 | — | | — | 10 | — | | — | 14 |

(3) | | — | 8 | — | 10 | — | | — | | — | 16 |

(4) | 8 | — | | — | | — | 14 | — | 16 | — | |

● 곱셈을 하시오.

(5) $2 \times 4 =$

(6) $2 \times 7 =$

(7) $2 \times 0 =$

(8) $2 \times 3 =$

(9) $2 \times 2 =$

(10) $2 \times 5 =$

(11) $2 \times 1 =$

(12) $2 \times 8 =$

(13) $2 \times 6 =$

(14) $2 \times 9 =$

● 빈칸에 알맞은 수를 쓰시오.

(15) [ ] — [4] — [ ] — [8] — [10] — [ ]

(16) [4] — [6] — [8] — [ ] — [ ] — [ ]

(17) [ ] — [ ] — [10] — [12] — [14] — [ ]

(18) [8] — [10] — [ ] — [ ] — [ ] — [18]

● 곱셈을 하시오.

(19) 2 × 4 =

(20) 2 × 7 =

(21) 2 × 2 =

(22) 2 × 1 =

(23) 2 × 9 =

(24) 2 × 3 =

(25) 2 × 10 =

(26) 2 × 5 =

(27) 2 × 6 =

(28) 2 × 8 =

● 곱셈구구표를 큰 소리로 3번 읽은 다음, 곱셈을 하시오.

$2 \times 1 = 2$ 이 일은 이	(1) $2 \times 1 =$
$2 \times 2 = 4$ 이 이 사	(2) $2 \times 2 =$
$2 \times 3 = 6$ 이 삼 육	(3) $2 \times 3 =$
$2 \times 4 = 8$ 이 사 팔	(4) $2 \times 4 =$
$2 \times 5 = 10$ 이 오 십	(5) $2 \times 5 =$
$2 \times 6 = 12$ 이 육 십이	(6) $2 \times 6 =$
$2 \times 7 = 14$ 이 칠 십사	(7) $2 \times 7 =$
$2 \times 8 = 16$ 이 팔 십육	(8) $2 \times 8 =$
$2 \times 9 = 18$ 이 구 십팔	(9) $2 \times 9 =$

$\boxed{1}$ $\boxed{2}$ $\boxed{3}$

(10) $2 \times 10 = 20$

$2 \times 1 = 2$

$2 \times 2 = 4$

$2 \times 3 = 6$

$2 \times 4 = 8$

$2 \times 5 = 10$

$2 \times 6 = 12$

$2 \times 7 = 14$

$2 \times 8 = 16$

$2 \times 9 = 18$

(11) $2 \times 9 =$

(12) $2 \times 8 =$

(13) $2 \times 7 =$

(14) $2 \times 6 =$

(15) $2 \times 5 =$

(16) $2 \times 4 =$

(17) $2 \times 3 =$

(18) $2 \times 2 =$

(19) $2 \times 1 =$

(20) $2 \times 0 = 0$

(21) $2 \times 7 =$

1 2 3

● 곱셈구구표를 큰 소리로 3번 읽은 다음, 곱셈을 하시오.

$2 \times 1 = 2$
$2 \times 2 = $
$2 \times 3 = $
$2 \times 4 = 8$
$2 \times 5 = $
$2 \times 6 = 12$
$2 \times 7 = $
$2 \times 8 = 16$
$2 \times 9 = 18$

1 2 3

(1) $2 \times 6 =$

(2) $2 \times 2 =$

(3) $2 \times 7 =$

(4) $2 \times 1 =$

(5) $2 \times 8 =$

(6) $2 \times 5 =$

(7) $2 \times 10 =$

(8) $2 \times 4 =$

(9) $2 \times 8 =$

(10) $2 \times 3 =$

$2 \times 1 = $ ⬛

$2 \times 2 = 4$

$2 \times 3 = 6$

$2 \times 4 = $ ⬛

$2 \times 5 = $ ⬛

$2 \times 6 = $ ⬛

$2 \times 7 = 14$

$2 \times 8 = $ ⬛

$2 \times 9 = $ ⬛

(11) $2 \times 1 =$

(12) $2 \times 6 =$

(13) $2 \times 8 =$

(14) $2 \times 2 =$

(15) $2 \times 9 =$

(16) $2 \times 5 =$

(17) $2 \times 0 =$

(18) $2 \times 7 =$

(19) $2 \times 3 =$

(20) $2 \times 9 =$

(21) $2 \times 10 =$

1 2 3

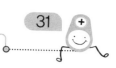

● 곱셈을 하시오.

(1) $2 \times 5 =$

(9) $2 \times 9 =$

(2) $2 \times 7 =$

(10) $2 \times 1 =$

(3) $2 \times 2 =$

(11) $2 \times 3 =$

(4) $2 \times 4 =$

(12) $2 \times 6 =$

(5) $2 \times 1 =$

(13) $2 \times 7 =$

(6) $2 \times 8 =$

(14) $2 \times 10 =$

(7) $2 \times 3 =$

(15) $2 \times 2 =$

(8) $2 \times 0 =$

(16) $2 \times 8 =$

×	1	2	3	4	5	6	7	8	9
2	2								

(17) $2 \times 3 =$

(18) $2 \times 5 =$

(19) $2 \times 2 =$

(20) $2 \times 6 =$

(21) $2 \times 1 =$

(22) $2 \times 9 =$

(23) $2 \times 4 =$

(24) $2 \times 10 =$

(25) $2 \times 8 =$

(26) $2 \times 7 =$

(27) $2 \times 4 =$

(28) $2 \times 1 =$

(29) $2 \times 8 =$

(30) $2 \times 9 =$

(31) $2 \times 5 =$

(32) $2 \times 3 =$

(33) $2 \times 0 =$

(34) $2 \times 6 =$

×	9	8	7	6	5	4	3	2	1
2	18								

● 곱셈을 하시오.

(1) $5 \times 1 =$

(2) $5 \times 2 =$

(3) $5 \times 3 =$

(4) $5 \times 4 =$

(5) $5 \times 5 =$

(6) $5 \times 6 =$

(7) $5 \times 7 =$

(8) $5 \times 8 =$

(9) $5 \times 9 =$

(10) $5 \times 10 =$

(11) $2 \times 1 =$

(12) $2 \times 2 =$

(13) $2 \times 3 =$

(14) $2 \times 4 =$

(15) $2 \times 5 =$

(16) $2 \times 6 =$

(17) $2 \times 7 =$

(18) $2 \times 8 =$

(19) $2 \times 9 =$

(20) $2 \times 10 =$

(21) $5 \times 3 =$

(22) $5 \times 4 =$

(23) $5 \times 1 =$

(24) $5 \times 7 =$

(25) $5 \times 2 =$

(26) $5 \times 0 =$

(27) $5 \times 10 =$

(28) $5 \times 5 =$

(29) $5 \times 9 =$

(30) $5 \times 6 =$

(31) $5 \times 8 =$

(32) $2 \times 6 =$

(33) $2 \times 1 =$

(34) $2 \times 2 =$

(35) $2 \times 7 =$

(36) $2 \times 0 =$

(37) $2 \times 9 =$

(38) $2 \times 5 =$

(39) $2 \times 4 =$

(40) $2 \times 8 =$

(41) $2 \times 10 =$

(42) $2 \times 3 =$

ME01 곱셈구구 (1)

● 곱셈을 하시오.

(1) $2 \times 1 =$

(2) $5 \times 5 =$

(3) $2 \times 3 =$

(4) $5 \times 2 =$

(5) $5 \times 9 =$

(6) $2 \times 6 =$

(7) $5 \times 4 =$

(8) $2 \times 7 =$

(9) $2 \times 0 =$

(10) $5 \times 8 =$

(11) $2 \times 4 =$

(12) $5 \times 6 =$

(13) $2 \times 2 =$

(14) $5 \times 7 =$

(15) $2 \times 5 =$

(16) $5 \times 3 =$

(17) $5 \times 0 =$

(18) $2 \times 8 =$

(19) $5 \times 1 =$

(20) $2 \times 9 =$

(21) $2 \times 3 =$

(32) $2 \times 2 =$

(22) $5 \times 1 =$

(33) $5 \times 2 =$

(23) $2 \times 4 =$

(34) $2 \times 1 =$

(24) $2 \times 5 =$

(35) $5 \times 6 =$

(25) $5 \times 7 =$

(36) $2 \times 6 =$

(26) $2 \times 8 =$

(37) $5 \times 8 =$

(27) $5 \times 3 =$

(38) $2 \times 0 =$

(28) $2 \times 10 =$

(39) $2 \times 7 =$

(29) $5 \times 10 =$

(40) $5 \times 4 =$

(30) $5 \times 0 =$

(41) $2 \times 9 =$

(31) $5 \times 5 =$

(42) $5 \times 9 =$

ME01 곱셈구구 (1)

● 곱셈을 하시오.

(1) $5 \times 2 =$

(2) $5 \times 7 =$

(3) $2 \times 6 =$

(4) $5 \times 6 =$

(5) $5 \times 5 =$

(6) $5 \times 0 =$

(7) $2 \times 3 =$

(8) $5 \times 9 =$

(9) $2 \times 9 =$

(10) $2 \times 10 =$

(11) $2 \times 1 =$

(12) $5 \times 1 =$

(13) $2 \times 7 =$

(14) $5 \times 8 =$

(15) $5 \times 4 =$

(16) $2 \times 2 =$

(17) $5 \times 3 =$

(18) $2 \times 5 =$

(19) $2 \times 4 =$

(20) $2 \times 8 =$

(21) $5 \times 2 =$

(22) $2 \times 0 =$

(23) $2 \times 3 =$

(24) $5 \times 4 =$

(25) $2 \times 1 =$

(26) $2 \times 6 =$

(27) $5 \times 10 =$

(28) $5 \times 6 =$

(29) $2 \times 8 =$

(30) $2 \times 5 =$

(31) $2 \times 7 =$

(32) $5 \times 1 =$

(33) $5 \times 3 =$

(34) $2 \times 2 =$

(35) $2 \times 4 =$

(36) $5 \times 5 =$

(37) $2 \times 10 =$

(38) $5 \times 0 =$

(39) $2 \times 9 =$

(40) $5 \times 8 =$

(41) $5 \times 9 =$

(42) $5 \times 7 =$

ME01 곱셈구구 (1)

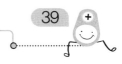

● 곱셈을 하시오.

(1) $5 \times 3 =$

(2) $2 \times 5 =$

(3) $2 \times 6 =$

(4) $5 \times 2 =$

(5) $2 \times 8 =$

(6) $5 \times 0 =$

(7) $2 \times 3 =$

(8) $5 \times 7 =$

(9) $5 \times 4 =$

(10) $2 \times 2 =$

(11) $5 \times 5 =$

(12) $2 \times 4 =$

(13) $5 \times 8 =$

(14) $2 \times 7 =$

×	1	2	3	4	5	6	7	8	9
5	5								
2	2								

(15) $2 \times 1 =$

(16) $5 \times 1 =$

(17) $2 \times 3 =$

(18) $2 \times 7 =$

(19) $5 \times 6 =$

(20) $2 \times 9 =$

(21) $5 \times 7 =$

(22) $2 \times 6 =$

(23) $5 \times 10 =$

(24) $5 \times 9 =$

(25) $2 \times 10 =$

(26) $5 \times 4 =$

(27) $5 \times 2 =$

(28) $2 \times 4 =$

(29) $2 \times 8 =$

(30) $5 \times 8 =$

×	9	8	7	6	5	4	3	2	1
5	45								
2	18								

곱셈구구 (2)

2주차

요일	교재 번호	학습한 날짜		확인
1일차(월)	01~08	월	일	
2일차(화)	09~16	월	일	
3일차(수)	17~24	월	일	
4일차(목)	25~32	월	일	
5일차(금)	33~40	월	일	

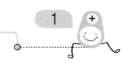
ME02 곱셈구구 (2)

● 그림을 보고 □ 안에 알맞은 수를 쓰시오.

(1)

4개짜리 ☐ 1 묶음

$4 \times 1 = \boxed{4}$

(2)

4개짜리 ☐ 묶음

$4 \times 2 = \boxed{}$

(3)

4개짜리 ☐ 묶음

$4 \times 3 = \boxed{}$

(4)

4개짜리 ☐ 묶음

$4 \times 4 = \boxed{}$

(5)

4개짜리 ☐ 묶음

$4 \times 5 = \boxed{}$

한 묶음씩 늘어날 때마다 4개씩 늘어나므로 4개짜리 ▲묶음은 4 × ▲로
나타냅니다.

(6)

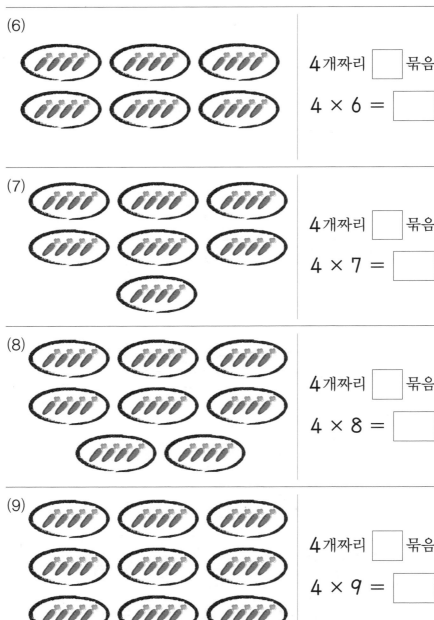

4개짜리 ☐ 묶음

4 × 6 = ☐

(7)

4개짜리 ☐ 묶음

4 × 7 = ☐

(8)

4개짜리 ☐ 묶음

4 × 8 = ☐

(9)

4개짜리 ☐ 묶음

4 × 9 = ☐

● 덧셈식을 보고 곱셈을 하시오.

(1) 4 $4 \times 1 = \boxed{4}$

(2) $4+4=8$ $4 \times 2 = \boxed{}$

(3) $4+4+4=12$ $4 \times 3 = \boxed{}$

(4) $4+4+4+4=16$ $4 \times 4 = \boxed{}$

(5) $4+4+4+4+4=20$ $4 \times 5 = \boxed{}$

(6) $4+4+4+4+4+4=24$ $4 \times 6 = \boxed{}$

(7) $4+4+4+4+4+4+4=28$ $4 \times 7 = \boxed{}$

(8) $4+4+4+4+4+4+4+4=32$ $4 \times 8 = \boxed{}$

(9) $4+4+4+4+4+4+4+4+4=36$ $4 \times 9 = \boxed{}$

Talk 같은 수를 반복하여 더한 합은 그 수에 더한 횟수만큼 곱한 것과 같습니다.
따라서 4를 ★번 더한 것은 4 × ★로 나타냅니다.

● 덧셈식을 보고 곱셈을 하시오.

(10) 4+4+4+4+4=20 | 4×5=☐

(11) 4+4=8 | 4×2=☐

(12) 4+4+4=12 | 4×3=☐

(13) 4+4+4+4+4+4+4+4=32 | 4×8=☐

(14) 4+4+4+4+4+4+4+4+4=36 | 4×9=☐

(15) 4+4+4+4+4+4+4=28 | 4×7=☐

(16) 4 | 4×1=☐

(17) 4+4+4+4+4+4=24 | 4×6=☐

(18) 4+4+4+4=16 | 4×4=☐

● 빈칸에 알맞은 수를 쓰시오.

(1) | 4 | 8 | | | 20 | 24 |

(2) | | 12 | | 20 | | 28 |

(3) | | | | 24 | 28 | 32 |

(4) | 16 | | 24 | 28 | | |

● 곱셈을 하시오.

(5) $4 \times 1 =$

(6) $4 \times 2 =$

(7) $4 \times 3 =$

(8) $4 \times 4 =$

(9) $4 \times 5 =$

(10) $4 \times 6 =$

(11) $4 \times 7 =$

(12) $4 \times 8 =$

(13) $4 \times 9 =$

★(14) $4 \times 10 = 40$

 Talk 4의 단 곱셈구구는 4씩 커집니다. 따라서 4×10은 4×9보다 4 큰 수입니다.

● 빈칸에 알맞은 수를 쓰시오.

(15) | 4 |—| 8 |—| 12 |—| |—| |—| 24 |

(16) | 8 |—| |—| |—| 20 |—| |—| 28 |

(17) | |—| 16 |—| 20 |—| |—| 28 |—| |

(18) | 16 |—| |—| |—| 28 |—| |—| 36 |

● 곱셈을 하시오.

(19) $4 \times 9 =$

(20) $4 \times 8 =$

(21) $4 \times 7 =$

(22) $4 \times 6 =$

(23) $4 \times 5 =$

(24) $4 \times 4 =$

(25) $4 \times 3 =$

(26) $4 \times 2 =$

(27) $4 \times 1 =$

★ (28) $4 \times 0 = 0$

● 빈칸에 알맞은 수를 쓰시오.

(1) [ ] — 8 — [ ] — 16 — 20 — [ ]

(2) 8 — [ ] — 16 — [ ] — [ ] — 28

(3) 12 — [ ] — 20 — [ ] — [ ] — 32

(4) 16 — 20 — [ ] — [ ] — 32 — [ ]

● 곱셈을 하시오.

(5) $4 \times 2 =$

(10) $4 \times 0 =$

(6) $4 \times 3 =$

(11) $4 \times 7 =$

(7) $4 \times 1 =$

(12) $4 \times 8 =$

(8) $4 \times 4 =$

(13) $4 \times 9 =$

(9) $4 \times 5 =$

(14) $4 \times 6 =$

● 빈칸에 알맞은 수를 쓰시오.

(15) | | — | 12 | — | 16 | — | 20 | — | | — | |

(16) | 12 | — | | — | | — | 24 | — | 28 | — | |

(17) | | — | 20 | — | | — | 28 | — | 32 | — | |

(18) | 20 | — | | — | 28 | — | | — | | — | 40 |

● 곱셈을 하시오.

(19) 4 × 4 =

(20) 4 × 5 =

(21) 4 × 6 =

(22) 4 × 10 =

(23) 4 × 1 =

(24) 4 × 2 =

(25) 4 × 3 =

(26) 4 × 7 =

(27) 4 × 8 =

(28) 4 × 9 =

● 빈칸에 알맞은 수를 쓰시오.

(1) 4 — ☐ — ☐ — 16 — ☐ — 24

(2) ☐ — 12 — 16 — ☐ — 24 — ☐

(3) 12 — ☐ — ☐ — 24 — ☐ — 32

(4) ☐ — 20 — 24 — ☐ — 32 — ☐

● 곱셈을 하시오.

(5) $4 \times 7 =$

(6) $4 \times 5 =$

(7) $4 \times 1 =$

(8) $4 \times 9 =$

(9) $4 \times 4 =$

(10) $4 \times 8 =$

(11) $4 \times 6 =$

(12) $4 \times 2 =$

(13) $4 \times 0 =$

(14) $4 \times 3 =$

● 빈칸에 알맞은 수를 쓰시오.

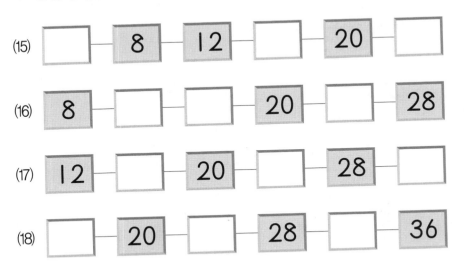

(15) ☐ — 8 — 12 — ☐ — 20 — ☐

(16) 8 — ☐ — ☐ — 20 — ☐ — 28

(17) 12 — ☐ — 20 — ☐ — 28 — ☐

(18) ☐ — 20 — ☐ — 28 — ☐ — 36

● 곱셈을 하시오.

(19) 4 × 4 =

(20) 4 × 3 =

(21) 4 × 6 =

(22) 4 × 2 =

(23) 4 × 5 =

(24) 4 × 1 =

(25) 4 × 7 =

(26) 4 × 9 =

(27) 4 × 10 =

(28) 4 × 8 =

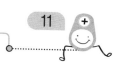

● 곱셈구구표를 큰 소리로 3번 읽은 다음, 곱셈을 하시오.

$4 \times 1 = 4$ 사 일은 사	(1) $4 \times 1 =$
$4 \times 2 = 8$ 사 이 팔	(2) $4 \times 2 =$
$4 \times 3 = 12$ 사 삼 십이	(3) $4 \times 3 =$
$4 \times 4 = 16$ 사 사 십육	(4) $4 \times 4 =$
$4 \times 5 = 20$ 사 오 이십	(5) $4 \times 5 =$
$4 \times 6 = 24$ 사 육 이십사	(6) $4 \times 6 =$
$4 \times 7 = 28$ 사 칠 이십팔	(7) $4 \times 7 =$
$4 \times 8 = 32$ 사 팔 삼십이	(8) $4 \times 8 =$
$4 \times 9 = 36$ 사 구 삼십육	(9) $4 \times 9 =$
	(10) $4 \times 10 = 40$

1 2 3

Talk 곱셈구구표를 큰 소리로 한 번씩 읽을 때마다 체크합니다.

$4 \times 1 = 4$

$4 \times 2 = 8$

$4 \times 3 = 12$

$4 \times 4 = 16$

$4 \times 5 = 20$

$4 \times 6 = 24$

$4 \times 7 = 28$

$4 \times 8 = 32$

$4 \times 9 = 36$

(11) $4 \times 9 =$

(12) $4 \times 8 =$

(13) $4 \times 7 =$

(14) $4 \times 6 =$

(15) $4 \times 5 =$

(16) $4 \times 4 =$

(17) $4 \times 3 =$

(18) $4 \times 2 =$

(19) $4 \times 1 =$

(20) $4 \times 0 = 0$

(21) $4 \times 10 =$

1 2 3

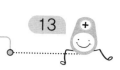

● 곱셈구구표를 큰 소리로 3번 읽은 다음, 곱셈을 하시오.

$4 \times 1 = $

$4 \times 2 = 8$

$4 \times 3 = $

$4 \times 4 = 16$

$4 \times 5 = $

$4 \times 6 = 24$

$4 \times 7 = 28$

$4 \times 8 = 32$

$4 \times 9 = $

1 2 3

(1) $4 \times 6 = $

(2) $4 \times 1 = $

(3) $4 \times 2 = $

(4) $4 \times 3 = $

(5) $4 \times 4 = $

(6) $4 \times 8 = $

(7) $4 \times 9 = $

(8) $4 \times 7 = $

(9) $4 \times 10 = $

(10) $4 \times 5 = $

14

$4 \times 1 = 4$

$4 \times 2 = $

$4 \times 3 = 12$

$4 \times 4 = $

$4 \times 5 = 20$

$4 \times 6 = $

$4 \times 7 = $

$4 \times 8 = $

$4 \times 9 = 36$

(11) $4 \times 5 = $

(12) $4 \times 2 = $

(13) $4 \times 6 = $

(14) $4 \times 8 = $

(15) $4 \times 1 = $

(16) $4 \times 7 = $

(17) $4 \times 0 = $

(18) $4 \times 4 = $

(19) $4 \times 10 = $

(20) $4 \times 9 = $

(21) $4 \times 3 = $

1 2 3

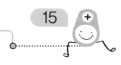

● 곱셈을 하시오.

(1) $4 \times 2 =$

(9) $4 \times 7 =$

(2) $4 \times 4 =$

(10) $4 \times 3 =$

(3) $4 \times 10 =$

(11) $4 \times 9 =$

(4) $4 \times 1 =$

(12) $4 \times 0 =$

(5) $4 \times 3 =$

(13) $4 \times 6 =$

(6) $4 \times 7 =$

(14) $4 \times 8 =$

(7) $4 \times 9 =$

(15) $4 \times 1 =$

(8) $4 \times 5 =$

(16) $4 \times 2 =$

×	1	2	3	4	5	6	7	8	9
4	4								

(17) $4 \times 0 =$

(18) $4 \times 2 =$

(19) $4 \times 5 =$

(20) $4 \times 6 =$

(21) $4 \times 7 =$

(22) $4 \times 8 =$

(23) $4 \times 1 =$

(24) $4 \times 9 =$

(25) $4 \times 3 =$

(26) $4 \times 7 =$

(27) $4 \times 3 =$

(28) $4 \times 6 =$

(29) $4 \times 8 =$

(30) $4 \times 2 =$

(31) $4 \times 4 =$

(32) $4 \times 9 =$

(33) $4 \times 5 =$

(34) $4 \times 10 =$

×	9	8	7	6	5	4	3	2	1
4	36								

ME02 곱셈구구 (2)

● 그림을 보고 ☐ 안에 알맞은 수를 쓰시오.

(1)

8개짜리 ☐1 묶음

$8 \times 1 =$ ☐8

(2)

8개짜리 ☐ 묶음

$8 \times 2 =$ ☐

(3)

8개짜리 ☐ 묶음

$8 \times 3 =$ ☐

(4)

8개짜리 ☐ 묶음

$8 \times 4 =$ ☐

(5)

8개짜리 ☐ 묶음

$8 \times 5 =$ ☐

Talk 한 묶음씩 늘어날 때마다 8개씩 늘어나므로 8개짜리 ▲묶음은 8 × ▲로 나타냅니다.

(6)

8개짜리 ☐ 묶음

8 × 6 = ☐

(7)

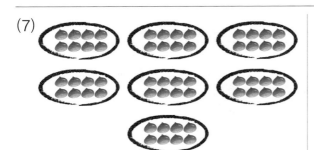

8개짜리 ☐ 묶음

8 × 7 = ☐

(8)

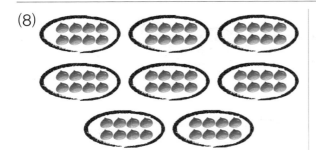

8개짜리 ☐ 묶음

8 × 8 = ☐

(9)

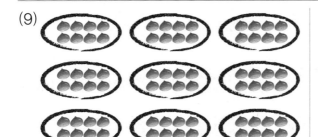

8개짜리 ☐ 묶음

8 × 9 = ☐

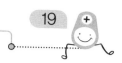

● 덧셈식을 보고 곱셈을 하시오.

(1) 8

$8 \times 1 = \boxed{8}$

(2) $8+8=16$

$8 \times 2 = \boxed{}$

(3) $8+8+8=24$

$8 \times 3 = \boxed{}$

(4) $8+8+8+8=32$

$8 \times 4 = \boxed{}$

(5) $8+8+8+8+8=40$

$8 \times 5 = \boxed{}$

(6) $8+8+8+8+8+8=48$

$8 \times 6 = \boxed{}$

(7) $8+8+8+8+8+8+8=56$

$8 \times 7 = \boxed{}$

(8) $8+8+8+8+8+8+8+8=64$

$8 \times 8 = \boxed{}$

(9) $8+8+8+8+8+8+8+8+8=72$

$8 \times 9 = \boxed{}$

Talk 같은 수를 반복하여 더한 합은 그 수에 더한 횟수만큼 곱한 것과 같습니다.
따라서 8을 ★번 더한 것은 8 × ★로 나타냅니다.

● 덧셈식을 보고 곱셈을 하시오.

(10) $8+8+8=24$　　　　　$8×3=\boxed{}$

(11) $8+8+8+8+8+8+8+8=64$　　$8×8=\boxed{}$

(12) $8+8+8+8=32$　　　　$8×4=\boxed{}$

(13) $8+8+8+8+8+8+8+8+8=72$　$8×9=\boxed{}$

(14) $8+8+8+8+8=40$　　　$8×5=\boxed{}$

(15) 8　　　　　　　　$8×1=\boxed{}$

(16) $8+8+8+8+8+8=48$　　$8×6=\boxed{}$

(17) $8+8=16$　　　　　$8×2=\boxed{}$

(18) $8+8+8+8+8+8+8=56$　$8×7=\boxed{}$

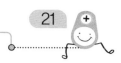

● 빈칸에 알맞은 수를 쓰시오.

(1) 8 — ☐ — ☐ — 32 — 40 — 48

(2) ☐ — 24 — 32 — ☐ — 48 — ☐

(3) 24 — ☐ — ☐ — 48 — 56 — ☐

(4) ☐ — 40 — 48 — ☐ — ☐ — 72

● 곱셈을 하시오.

(5) 8 × 1 =

(6) 8 × 2 =

(7) 8 × 3 =

(8) 8 × 4 =

(9) 8 × 5 =

(10) 8 × 6 =

(11) 8 × 7 =

(12) 8 × 8 =

(13) 8 × 9 =

★(14) 8 × 10 = 80

 8의 단 곱셈구구는 8씩 커집니다. 따라서 8×10은 8×9보다 8 큰 수입니다.

● 빈칸에 알맞은 수를 쓰시오.

(15) 8 — 16 — ☐ — 32 — ☐ — 48

(16) 16 — ☐ — ☐ — 40 — 48 — ☐

(17) ☐ — 32 — 40 — ☐ — ☐ — 64

(18) 32 — ☐ — ☐ — 56 — 64 — ☐

● 곱셈을 하시오.

(19) $8 \times 9 =$

(20) $8 \times 8 =$

(21) $8 \times 7 =$

(22) $8 \times 6 =$

(23) $8 \times 5 =$

(24) $8 \times 4 =$

(25) $8 \times 3 =$

(26) $8 \times 2 =$

(27) $8 \times 1 =$

★(28) $8 \times 0 = 0$

● 빈칸에 알맞은 수를 쓰시오.

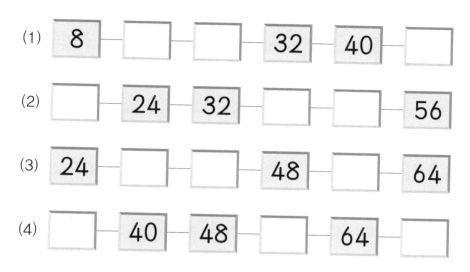

(1) | 8 | | | 32 | 40 | |

(2) | | 24 | 32 | | | 56 |

(3) | 24 | | | 48 | | 64 |

(4) | | 40 | 48 | | 64 | |

● 곱셈을 하시오.

(5) $8 \times 1 =$

(6) $8 \times 2 =$

(7) $8 \times 4 =$

(8) $8 \times 5 =$

(9) $8 \times 3 =$

(10) $8 \times 7 =$

(11) $8 \times 6 =$

(12) $8 \times 8 =$

(13) $8 \times 9 =$

(14) $8 \times 0 =$

● 빈칸에 알맞은 수를 쓰시오.

(15) 16 — ☐ — 32 — ☐ — 48 — ☐

(16) 24 — ☐ — 40 — 48 — ☐ — ☐

(17) ☐ — 40 — ☐ — ☐ — 64 — 72

(18) 40 — ☐ — ☐ — 64 — ☐ — 80

● 곱셈을 하시오.

(19) 8 × 3 =

(20) 8 × 4 =

(21) 8 × 2 =

(22) 8 × 7 =

(23) 8 × 8 =

(24) 8 × 9 =

(25) 8 × 10 =

(26) 8 × 1 =

(27) 8 × 6 =

(28) 8 × 5 =

● 빈칸에 알맞은 수를 쓰시오.

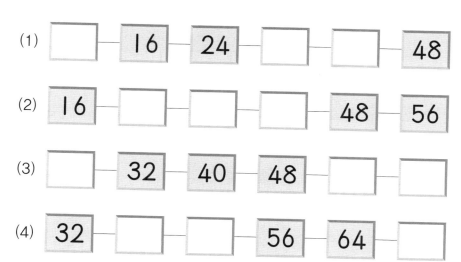

(1) ☐ — 16 — 24 — ☐ — ☐ — 48

(2) 16 — ☐ — ☐ — ☐ — 48 — 56

(3) ☐ — 32 — 40 — 48 — ☐ — ☐

(4) 32 — ☐ — ☐ — 56 — 64 — ☐

● 곱셈을 하시오.

(5) $8 \times 4 =$

(6) $8 \times 1 =$

(7) $8 \times 0 =$

(8) $8 \times 9 =$

(9) $8 \times 2 =$

(10) $8 \times 3 =$

(11) $8 \times 6 =$

(12) $8 \times 8 =$

(13) $8 \times 5 =$

(14) $8 \times 7 =$

● 빈칸에 알맞은 수를 쓰시오.

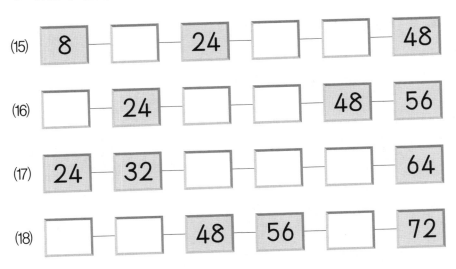

(15) 8 —   — 24 —   —   — 48

(16)   — 24 —   —   — 48 — 56

(17) 24 — 32 —   —   —   — 64

(18)   —   — 48 — 56 —   — 72

● 곱셈을 하시오.

(19) 8 × 7 =

(20) 8 × 3 =

(21) 8 × 8 =

(22) 8 × 4 =

(23) 8 × 10 =

(24) 8 × 5 =

(25) 8 × 9 =

(26) 8 × 1 =

(27) 8 × 2 =

(28) 8 × 6 =

● 곱셈구구표를 큰 소리로 3번 읽은 다음, 곱셈을 하시오.

$8 \times 1 = 8$ 팔 일은 팔
$8 \times 2 = 16$ 팔 이 십육
$8 \times 3 = 24$ 팔 삼 이십사
$8 \times 4 = 32$ 팔 사 삼십이
$8 \times 5 = 40$ 팔 오 사십
$8 \times 6 = 48$ 팔 육 사십팔
$8 \times 7 = 56$ 팔 칠 오십육
$8 \times 8 = 64$ 팔 팔 육십사
$8 \times 9 = 72$ 팔 구 칠십이

(1) $8 \times 1 =$

(2) $8 \times 2 =$

(3) $8 \times 3 =$

(4) $8 \times 4 =$

(5) $8 \times 5 =$

(6) $8 \times 6 =$

(7) $8 \times 7 =$

(8) $8 \times 8 =$

(9) $8 \times 9 =$

(10) $8 \times 10 = 80$

1 2 3

 곱셈구구표를 큰 소리로 한
번씩 읽을 때마다 체크합니다.

$8 \times 1 = 8$

$8 \times 2 = 16$

$8 \times 3 = 24$

$8 \times 4 = 32$

$8 \times 5 = 40$

$8 \times 6 = 48$

$8 \times 7 = 56$

$8 \times 8 = 64$

$8 \times 9 = 72$

(11) $8 \times 9 =$

(12) $8 \times 8 =$

(13) $8 \times 7 =$

(14) $8 \times 6 =$

(15) $8 \times 5 =$

(16) $8 \times 4 =$

(17) $8 \times 3 =$

(18) $8 \times 2 =$

(19) $8 \times 1 =$

(20) $8 \times 0 = 0$

(21) $8 \times 10 =$

1 2 3

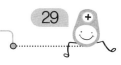

● 곱셈구구표를 큰 소리로 3번 읽은 다음, 곱셈을 하시오.

8 × 1 =
8 × 2 = 16
8 × 3 =
8 × 4 =
8 × 5 = 40
8 × 6 = 48
8 × 7 =
8 × 8 = 64
8 × 9 =

1 2 3

(1) 8 × 1 =

(2) 8 × 2 =

(3) 8 × 5 =

(4) 8 × 9 =

(5) 8 × 3 =

(6) 8 × 4 =

(7) 8 × 10 =

(8) 8 × 7 =

(9) 8 × 6 =

(10) 8 × 8 =

$8 \times 1 =$

$8 \times 2 =$

$8 \times 3 =$

$8 \times 4 = 32$

$8 \times 5 =$

$8 \times 6 =$

$8 \times 7 = 56$

$8 \times 8 =$

$8 \times 9 = 72$

(11) $8 \times 6 =$

(12) $8 \times 5 =$

(13) $8 \times 1 =$

(14) $8 \times 0 =$

(15) $8 \times 7 =$

(16) $8 \times 8 =$

(17) $8 \times 2 =$

(18) $8 \times 4 =$

(19) $8 \times 9 =$

(20) $8 \times 3 =$

(21) $8 \times 10 =$

1 2 3

● 곱셈을 하시오.

(1) $8 \times 5 =$

(2) $8 \times 4 =$

(3) $8 \times 1 =$

(4) $8 \times 6 =$

(5) $8 \times 2 =$

(6) $8 \times 7 =$

(7) $8 \times 3 =$

(8) $8 \times 9 =$

(9) $8 \times 10 =$

(10) $8 \times 3 =$

(11) $8 \times 5 =$

(12) $8 \times 8 =$

(13) $8 \times 0 =$

(14) $8 \times 1 =$

(15) $8 \times 4 =$

(16) $8 \times 2 =$

×	1	2	3	4	5	6	7	8	9
8	8								

(17) $8 \times 5 =$　　　　(26) $8 \times 7 =$

(18) $8 \times 1 =$　　　　(27) $8 \times 4 =$

(19) $8 \times 6 =$　　　　(28) $8 \times 5 =$

(20) $8 \times 4 =$　　　　(29) $8 \times 3 =$

(21) $8 \times 10 =$　　　　(30) $8 \times 0 =$

(22) $8 \times 7 =$　　　　(31) $8 \times 2 =$

(23) $8 \times 8 =$　　　　(32) $8 \times 9 =$

(24) $8 \times 3 =$　　　　(33) $8 \times 1 =$

(25) $8 \times 9 =$　　　　(34) $8 \times 6 =$

×	9	8	7	6	5	4	3	2	1
8	72								

ME02 곱셈구구 (2)

● 곱셈을 하시오.

(1) $4 \times 1 =$

(2) $4 \times 2 =$

(3) $4 \times 3 =$

(4) $4 \times 4 =$

(5) $4 \times 5 =$

(6) $4 \times 6 =$

(7) $4 \times 7 =$

(8) $4 \times 8 =$

(9) $4 \times 9 =$

(10) $4 \times 10 =$

(11) $8 \times 1 =$

(12) $8 \times 2 =$

(13) $8 \times 3 =$

(14) $8 \times 4 =$

(15) $8 \times 5 =$

(16) $8 \times 6 =$

(17) $8 \times 7 =$

(18) $8 \times 8 =$

(19) $8 \times 9 =$

(20) $8 \times 10 =$

(21) $4 \times 1 =$

(22) $4 \times 5 =$

(23) $4 \times 4 =$

(24) $4 \times 0 =$

(25) $4 \times 7 =$

(26) $4 \times 10 =$

(27) $4 \times 2 =$

(28) $4 \times 8 =$

(29) $4 \times 3 =$

(30) $4 \times 9 =$

(31) $4 \times 6 =$

(32) $8 \times 2 =$

(33) $8 \times 6 =$

(34) $8 \times 9 =$

(35) $8 \times 1 =$

(36) $8 \times 5 =$

(37) $8 \times 10 =$

(38) $8 \times 0 =$

(39) $8 \times 3 =$

(40) $8 \times 7 =$

(41) $8 \times 4 =$

(42) $8 \times 8 =$

● 곱셈을 하시오.

(1) $4 \times 6 =$

(11) $4 \times 9 =$

(2) $8 \times 5 =$

(12) $8 \times 1 =$

(3) $4 \times 7 =$

(13) $4 \times 3 =$

(4) $8 \times 10 =$

(14) $4 \times 8 =$

(5) $4 \times 1 =$

(15) $8 \times 3 =$

(6) $8 \times 7 =$

(16) $8 \times 8 =$

(7) $8 \times 2 =$

(17) $4 \times 2 =$

(8) $8 \times 4 =$

(18) $8 \times 6 =$

(9) $4 \times 10 =$

(19) $4 \times 5 =$

(10) $4 \times 4 =$

(20) $8 \times 9 =$

(21) $4 \times 4 =$

(22) $8 \times 0 =$

(23) $8 \times 2 =$

(24) $4 \times 0 =$

(25) $8 \times 7 =$

(26) $4 \times 8 =$

(27) $8 \times 9 =$

(28) $8 \times 6 =$

(29) $4 \times 2 =$

(30) $8 \times 4 =$

(31) $4 \times 6 =$

(32) $8 \times 1 =$

(33) $4 \times 5 =$

(34) $4 \times 10 =$

(35) $8 \times 8 =$

(36) $4 \times 1 =$

(37) $4 \times 9 =$

(38) $8 \times 3 =$

(39) $4 \times 3 =$

(40) $8 \times 10 =$

(41) $8 \times 5 =$

(42) $4 \times 7 =$

● 곱셈을 하시오.

(1) $4 \times 3 =$

(11) $4 \times 4 =$

(2) $8 \times 8 =$

(12) $8 \times 1 =$

(3) $4 \times 8 =$

(13) $8 \times 3 =$

(4) $4 \times 0 =$

(14) $4 \times 1 =$

(5) $8 \times 2 =$

(15) $4 \times 9 =$

(6) $8 \times 9 =$

(16) $8 \times 7 =$

(7) $4 \times 2 =$

(17) $8 \times 5 =$

(8) $4 \times 7 =$

(18) $8 \times 6 =$

(9) $8 \times 4 =$

(19) $4 \times 6 =$

(10) $4 \times 5 =$

(20) $8 \times 10 =$

(21) $8 \times 1 =$

(22) $4 \times 1 =$

(23) $4 \times 2 =$

(24) $8 \times 8 =$

(25) $8 \times 2 =$

(26) $4 \times 0 =$

(27) $8 \times 4 =$

(28) $4 \times 4 =$

(29) $8 \times 7 =$

(30) $8 \times 5 =$

(31) $4 \times 6 =$

(32) $8 \times 6 =$

(33) $8 \times 9 =$

(34) $8 \times 0 =$

(35) $4 \times 7 =$

(36) $4 \times 3 =$

(37) $8 \times 3 =$

(38) $4 \times 9 =$

(39) $4 \times 5 =$

(40) $4 \times 8 =$

(41) $4 \times 10 =$

(42) $8 \times 10 =$

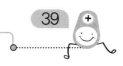

ME02 곱셈구구 (2)

● 곱셈을 하시오.

(1) $8 \times 4 =$

(8) $8 \times 7 =$

(2) $8 \times 1 =$

(9) $4 \times 6 =$

(3) $4 \times 1 =$

(10) $4 \times 8 =$

(4) $4 \times 7 =$

(11) $8 \times 2 =$

(5) $8 \times 3 =$

(12) $4 \times 9 =$

(6) $8 \times 6 =$

(13) $4 \times 3 =$

(7) $4 \times 2 =$

(14) $8 \times 5 =$

×	1	2	3	4	5	6	7	8	9
4	4								
8	8								

(15) $4 \times 7 =$

(16) $8 \times 1 =$

(17) $8 \times 5 =$

(18) $4 \times 3 =$

(19) $8 \times 7 =$

(20) $4 \times 4 =$

(21) $8 \times 10 =$

(22) $4 \times 8 =$

(23) $4 \times 10 =$

(24) $8 \times 9 =$

(25) $4 \times 5 =$

(26) $8 \times 6 =$

(27) $8 \times 8 =$

(28) $4 \times 2 =$

(29) $8 \times 4 =$

(30) $4 \times 9 =$

×	9	8	7	6	5	4	3	2	1
4	36								
8	72								

곱셈구구 (3)

3주차

요일	교재 번호	학습한 날짜		확인
1일차(월)	01~08	월	일	
2일차(화)	09~16	월	일	
3일차(수)	17~24	월	일	
4일차(목)	25~32	월	일	
5일차(금)	33~40	월	일	

● 그림을 보고 ☐ 안에 알맞은 수를 쓰시오.

(1)

3개짜리 ☐1☐ 묶음

$3 × 1 = $ ☐3☐

(2)

3개짜리 ☐ 묶음

$3 × 2 = $ ☐

(3)

3개짜리 ☐ 묶음

$3 × 3 = $ ☐

(4)

3개짜리 ☐ 묶음

$3 × 4 = $ ☐

(5)

3개짜리 ☐ 묶음

$3 × 5 = $ ☐

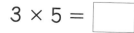
한 묶음씩 늘어날 때마다 3개씩 늘어나므로 3개짜리 ▲묶음은 3 × ▲로 나타냅니다.

(6)

3개짜리 ☐ 묶음

$3 \times 6 =$ ☐

(7)

3개짜리 ☐ 묶음

$3 \times 7 =$ ☐

(8)

3개짜리 ☐ 묶음

$3 \times 8 =$ ☐

(9)

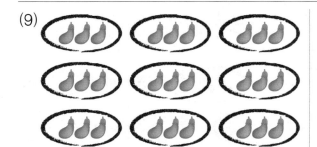

3개짜리 ☐ 묶음

$3 \times 9 =$ ☐

● 덧셈식을 보고 곱셈을 하시오.

(1) 3 $3 \times 1 = \boxed{3}$

(2) $3+3=6$ $3 \times 2 = \boxed{}$

(3) $3+3+3=9$ $3 \times 3 = \boxed{}$

(4) $3+3+3+3=12$ $3 \times 4 = \boxed{}$

(5) $3+3+3+3+3=15$ $3 \times 5 = \boxed{}$

(6) $3+3+3+3+3+3=18$ $3 \times 6 = \boxed{}$

(7) $3+3+3+3+3+3+3=21$ $3 \times 7 = \boxed{}$

(8) $3+3+3+3+3+3+3+3=24$ $3 \times 8 = \boxed{}$

(9) $3+3+3+3+3+3+3+3+3=27$ $3 \times 9 = \boxed{}$

Talk 같은 수를 반복하여 더한 합은 그 수에 더한 횟수만큼 곱한 것과 같습니다.
따라서 3을 ★번 더한 것은 3 × ★로 나타냅니다.

● 덧셈식을 보고 곱셈을 하시오.

(10) $3+3+3+3=12$ $3 \times 4 = \boxed{}$

(11) $3+3+3+3+3+3=18$ $3 \times 6 = \boxed{}$

(12) $3+3+3+3+3+3+3+3+3=27$ $3 \times 9 = \boxed{}$

(13) $3+3=6$ $3 \times 2 = \boxed{}$

(14) $3+3+3+3+3+3+3+3=24$ $3 \times 8 = \boxed{}$

(15) 3 $3 \times 1 = \boxed{}$

(16) $3+3+3+3+3=15$ $3 \times 5 = \boxed{}$

(17) $3+3+3+3+3+3+3=21$ $3 \times 7 = \boxed{}$

(18) $3+3+3=9$ $3 \times 3 = \boxed{}$

5

● 빈칸에 알맞은 수를 쓰시오.

(1) $\boxed{3}$ — $\boxed{}$ — $\boxed{9}$ — $\boxed{12}$ — $\boxed{}$ — $\boxed{18}$

(2) $\boxed{6}$ — $\boxed{9}$ — $\boxed{}$ — $\boxed{15}$ — $\boxed{}$ — $\boxed{}$

(3) $\boxed{}$ — $\boxed{12}$ — $\boxed{15}$ — $\boxed{}$ — $\boxed{21}$ — $\boxed{}$

(4) $\boxed{12}$ — $\boxed{}$ — $\boxed{}$ — $\boxed{}$ — $\boxed{24}$ — $\boxed{27}$

● 곱셈을 하시오.

(5) $3 \times 1 =$

(6) $3 \times 2 =$

(7) $3 \times 3 =$

(8) $3 \times 4 =$

(9) $3 \times 5 =$

(10) $3 \times 6 =$

(11) $3 \times 7 =$

(12) $3 \times 8 =$

(13) $3 \times 9 =$

★(14) $3 \times 10 = 30$

 Talk 3의 단 곱셈구구는 3씩 커집니다. 따라서 3×10은 3×9보다 3 큰 수입니다.

● 빈칸에 알맞은 수를 쓰시오.

(15) 3 — 6 — ☐ — 12 — ☐ — 18

(16) 6 — ☐ — 12 — ☐ — 18 — ☐

(17) 9 — ☐ — 15 — ☐ — 21 — ☐

(18) ☐ — 15 — ☐ — 21 — ☐ — 27

● 곱셈을 하시오.

(19) $3 \times 9 =$

(20) $3 \times 8 =$

(21) $3 \times 7 =$

(22) $3 \times 6 =$

(23) $3 \times 5 =$

(24) $3 \times 4 =$

(25) $3 \times 3 =$

(26) $3 \times 2 =$

(27) $3 \times 1 =$

★(28) $3 \times 0 = 0$

● 빈칸에 알맞은 수를 쓰시오.

(1) 3 — ☐ — 9 — ☐ — 15 — ☐

(2) 6 — ☐ — ☐ — 15 — ☐ — 21

(3) 9 — 12 — ☐ — ☐ — 21 — ☐

(4) ☐ — 15 — 18 — ☐ — ☐ — 27

● 곱셈을 하시오.

(5) $3 \times 2 =$

(6) $3 \times 3 =$

(7) $3 \times 1 =$

(8) $3 \times 4 =$

(9) $3 \times 5 =$

(10) $3 \times 0 =$

(11) $3 \times 7 =$

(12) $3 \times 8 =$

(13) $3 \times 9 =$

(14) $3 \times 6 =$

● 빈칸에 알맞은 수를 쓰시오.

(15) ☐ — 9 — 12 — ☐ — 18 — ☐

(16) 9 — ☐ — ☐ — 18 — ☐ — 24

(17) 12 — ☐ — 18 — 21 — ☐ — ☐

(18) ☐ — 18 — ☐ — ☐ — 27 — 30

● 곱셈을 하시오.

(19) 3 × 4 =

(20) 3 × 5 =

(21) 3 × 6 =

(22) 3 × 10 =

(23) 3 × 1 =

(24) 3 × 2 =

(25) 3 × 3 =

(26) 3 × 8 =

(27) 3 × 9 =

(28) 3 × 7 =

● 빈칸에 알맞은 수를 쓰시오.

(1) [ ] — 6 — [ ] — [ ] — 15 — 18

(2) 6 — [ ] — 12 — [ ] — [ ] — 21

(3) 9 — [ ] — [ ] — 18 — 21 — [ ]

(4) 12 — 15 — [ ] — [ ] — [ ] — 27

● 곱셈을 하시오.

(5) $3 \times 4 =$

(6) $3 \times 0 =$

(7) $3 \times 6 =$

(8) $3 \times 1 =$

(9) $3 \times 8 =$

(10) $3 \times 7 =$

(11) $3 \times 3 =$

(12) $3 \times 5 =$

(13) $3 \times 2 =$

(14) $3 \times 9 =$

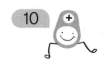

● 빈칸에 알맞은 수를 쓰시오.

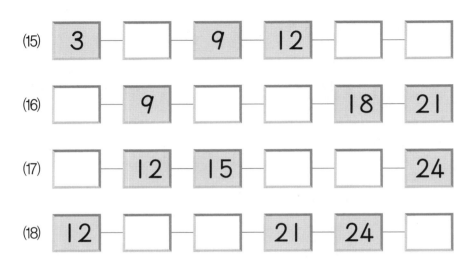

(15) | 3 | | | 9 | 12 | | |

(16) | | 9 | | | 18 | 21 |

(17) | | 12 | 15 | | | 24 |

(18) | 12 | | | 21 | 24 | |

● 곱셈을 하시오.

(19) $3 \times 4 =$

(20) $3 \times 6 =$

(21) $3 \times 1 =$

(22) $3 \times 9 =$

(23) $3 \times 5 =$

(24) $3 \times 8 =$

(25) $3 \times 3 =$

(26) $3 \times 2 =$

(27) $3 \times 7 =$

(28) $3 \times 10 =$

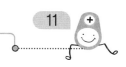

● 곱셈구구표를 큰 소리로 3번 읽은 다음, 곱셈을 하시오.

$3 \times 1 = 3$ 삼 일은 삼	(1) $3 \times 1 =$
$3 \times 2 = 6$ 삼 이 육	(2) $3 \times 2 =$
$3 \times 3 = 9$ 삼 삼 구	(3) $3 \times 3 =$
$3 \times 4 = 12$ 삼 사 십이	(4) $3 \times 4 =$
$3 \times 5 = 15$ 삼 오 십오	(5) $3 \times 5 =$
$3 \times 6 = 18$ 삼 육 십팔	(6) $3 \times 6 =$
$3 \times 7 = 21$ 삼 칠 이십일	(7) $3 \times 7 =$
$3 \times 8 = 24$ 삼 팔 이십사	(8) $3 \times 8 =$
$3 \times 9 = 27$ 삼 구 이십칠	(9) $3 \times 9 =$

(10) $3 \times 10 = 30$

1 2 3

Talk 곱셈구구표를 큰 소리로 한 번씩 읽을 때마다 체크합니다.

$3 \times 1 = 3$

$3 \times 2 = 6$

$3 \times 3 = 9$

$3 \times 4 = 12$

$3 \times 5 = 15$

$3 \times 6 = 18$

$3 \times 7 = 21$

$3 \times 8 = 24$

$3 \times 9 = 27$

(11) $3 \times 9 =$

(12) $3 \times 8 =$

(13) $3 \times 7 =$

(14) $3 \times 6 =$

(15) $3 \times 5 =$

(16) $3 \times 4 =$

(17) $3 \times 3 =$

(18) $3 \times 2 =$

(19) $3 \times 1 =$

(20) $3 \times 0 = 0$

(21) $3 \times 10 =$

1 2 3

● 곱셈구구표를 큰 소리로 3번 읽은 다음, 곱셈을 하시오.

$3 \times 1 = 3$
$3 \times 2 =$
$3 \times 3 = 9$
$3 \times 4 = 12$
$3 \times 5 =$
$3 \times 6 = 18$
$3 \times 7 =$
$3 \times 8 = 24$
$3 \times 9 =$

1 2 3

(1) $3 \times 3 =$

(2) $3 \times 5 =$

(3) $3 \times 7 =$

(4) $3 \times 1 =$

(5) $3 \times 8 =$

(6) $3 \times 2 =$

(7) $3 \times 6 =$

(8) $3 \times 4 =$

(9) $3 \times 9 =$

(10) $3 \times 10 =$

$3 \times 1 =$ ▰

$3 \times 2 = 6$

$3 \times 3 =$ ▰

$3 \times 4 =$ ▰

$3 \times 5 = 15$

$3 \times 6 =$ ▰

$3 \times 7 = 21$

$3 \times 8 =$ ▰

$3 \times 9 = 27$

(11) $3 \times 1 =$

(12) $3 \times 6 =$

(13) $3 \times 8 =$

(14) $3 \times 2 =$

(15) $3 \times 7 =$

(16) $3 \times 0 =$

(17) $3 \times 9 =$

(18) $3 \times 3 =$

(19) $3 \times 10 =$

(20) $3 \times 4 =$

(21) $3 \times 5 =$

1 2 3

● 곱셈을 하시오.

(1) $3 \times 3 =$

(9) $3 \times 4 =$

(2) $3 \times 2 =$

(10) $3 \times 6 =$

(3) $3 \times 7 =$

(11) $3 \times 8 =$

(4) $3 \times 1 =$

(12) $3 \times 2 =$

(5) $3 \times 5 =$

(13) $3 \times 9 =$

(6) $3 \times 10 =$

(14) $3 \times 3 =$

(7) $3 \times 9 =$

(15) $3 \times 7 =$

(8) $3 \times 8 =$

(16) $3 \times 5 =$

×	1	2	3	4	5	6	7	8	9
3	3								

(17) $3 \times 5 =$

(18) $3 \times 4 =$

(19) $3 \times 9 =$

(20) $3 \times 3 =$

(21) $3 \times 6 =$

(22) $3 \times 8 =$

(23) $3 \times 7 =$

(24) $3 \times 1 =$

(25) $3 \times 10 =$

(26) $3 \times 4 =$

(27) $3 \times 1 =$

(28) $3 \times 0 =$

(29) $3 \times 2 =$

(30) $3 \times 5 =$

(31) $3 \times 7 =$

(32) $3 \times 9 =$

(33) $3 \times 6 =$

(34) $3 \times 8 =$

×	9	8	7	6	5	4	3	2	1
3	27								

● 그림을 보고 □ 안에 알맞은 수를 쓰시오.

(1)

6개짜리 $\boxed{1}$ 묶음

$6 \times 1 = \boxed{6}$

(2)

6개짜리 $\boxed{}$ 묶음

$6 \times 2 = \boxed{}$

(3)

6개짜리 $\boxed{}$ 묶음

$6 \times 3 = \boxed{}$

(4)

6개짜리 $\boxed{}$ 묶음

$6 \times 4 = \boxed{}$

(5)

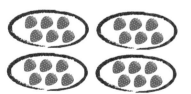

6개짜리 $\boxed{}$ 묶음

$6 \times 5 = \boxed{}$

Talk 한 묶음씩 늘어날 때마다 6개씩 늘어나므로 6개짜리 ▲묶음은 6 × ▲로 나타냅니다.

(6)

6개짜리 ☐ 묶음

$6 \times 6 =$ ☐

(7)

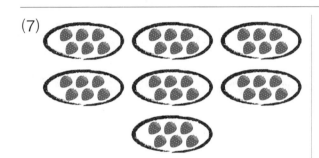

6개짜리 ☐ 묶음

$6 \times 7 =$ ☐

(8)

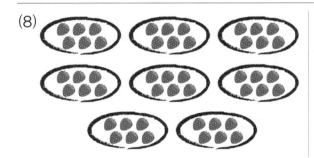

6개짜리 ☐ 묶음

$6 \times 8 =$ ☐

(9)

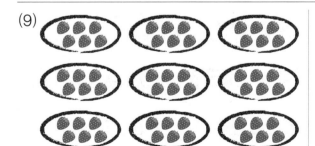

6개짜리 ☐ 묶음

$6 \times 9 =$ ☐

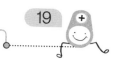
● 덧셈식을 보고 곱셈을 하시오.

(1) 6

$6 \times 1 = \boxed{6}$

(2) 6+6=12

$6 \times 2 = \boxed{}$

(3) 6+6+6=18

$6 \times 3 = \boxed{}$

(4) 6+6+6+6=24

$6 \times 4 = \boxed{}$

(5) 6+6+6+6+6=30

$6 \times 5 = \boxed{}$

(6) 6+6+6+6+6+6=36

$6 \times 6 = \boxed{}$

(7) 6+6+6+6+6+6+6=42

$6 \times 7 = \boxed{}$

(8) 6+6+6+6+6+6+6+6=48

$6 \times 8 = \boxed{}$

(9) 6+6+6+6+6+6+6+6+6=54

$6 \times 9 = \boxed{}$

Talk 같은 수를 반복하여 더한 합은 그 수에 더한 횟수만큼 곱한 것과 같습니다.
따라서 6을 ★번 더한 것은 6 × ★로 나타냅니다.

● 덧셈식을 보고 곱셈을 하시오.

(10) $6+6+6+6+6+6+6+6=48$ $6\times8=\boxed{}$

(11) 6 $6\times1=\boxed{}$

(12) $6+6+6+6+6=30$ $6\times5=\boxed{}$

(13) $6+6+6+6+6+6+6=42$ $6\times7=\boxed{}$

(14) $6+6+6+6=24$ $6\times4=\boxed{}$

(15) $6+6+6+6+6+6+6+6+6=54$ $6\times9=\boxed{}$

(16) $6+6=12$ $6\times2=\boxed{}$

(17) $6+6+6+6+6+6=36$ $6\times6=\boxed{}$

(18) $6+6+6=18$ $6\times3=\boxed{}$

● 빈칸에 알맞은 수를 쓰시오.

(1) 6 — 12 — 18 — ⬜ — 30 — ⬜

(2) 12 — ⬜ — 24 — 30 — ⬜ — ⬜

(3) ⬜ — 24 — ⬜ — ⬜ — 42 — 48

(4) ⬜ — 30 — ⬜ — 42 — ⬜ — 54

● 곱셈을 하시오.

(5) $6 \times 1 =$ 　　　　(10) $6 \times 6 =$

(6) $6 \times 2 =$ 　　　　(11) $6 \times 7 =$

(7) $6 \times 3 =$ 　　　　(12) $6 \times 8 =$

(8) $6 \times 4 =$ 　　　　(13) $6 \times 9 =$

(9) $6 \times 5 =$ 　★(14) $6 \times 10 = 60$

 Talk 6의 단 곱셈구구는 6씩 커집니다. 따라서 6×10은 6×9보다 6 큰 수입니다.

● 빈칸에 알맞은 수를 쓰시오.

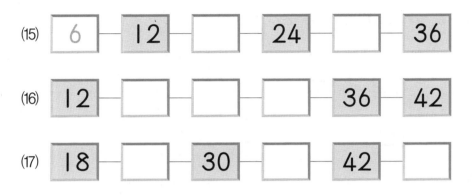

(15) 6 — 12 — ⬚ — 24 — ⬚ — 36

(16) 12 — ⬚ — ⬚ — ⬚ — 36 — 42

(17) 18 — ⬚ — 30 — ⬚ — 42 — ⬚

(18) 24 — ⬚ — 36 — ⬚ — ⬚ — 54

● 곱셈을 하시오.

(19) 6 × 9 =

(20) 6 × 8 =

(21) 6 × 7 =

(22) 6 × 6 =

(23) 6 × 5 =

(24) 6 × 4 =

(25) 6 × 3 =

(26) 6 × 2 =

(27) 6 × 1 =

★(28) 6 × 0 = 0

● 빈칸에 알맞은 수를 쓰시오.

(1) ☐ — **12** — ☐ — ☐ — **30** — **36**

(2) **12** — ☐ — **24** — ☐ — **36** — ☐

(3) **18** — ☐ — ☐ — **36** — **42** — ☐

(4) ☐ — **30** — **36** — ☐ — ☐ — **54**

● 곱셈을 하시오.

(5) 6 × 0 =   (10) 6 × 3 =

(6) 6 × 1 =   (11) 6 × 7 =

(7) 6 × 2 =   (12) 6 × 6 =

(8) 6 × 4 =   (13) 6 × 8 =

(9) 6 × 5 =   (14) 6 × 9 =

● 빈칸에 알맞은 수를 쓰시오.

(15) [ ] ─ 18 ─ 24 ─ [ ] ─ 36 ─ [ ]

(16) 18 ─ 24 ─ [ ] ─ [ ] ─ [ ] ─ 48

(17) 24 ─ [ ] ─ [ ] ─ 42 ─ [ ] ─ 54

(18) 30 ─ [ ] ─ 42 ─ [ ] ─ 54 ─ [ ]

● 곱셈을 하시오.

(19) 6 × 3 =

(20) 6 × 4 =

(21) 6 × 2 =

(22) 6 × 7 =

(23) 6 × 8 =

(24) 6 × 9 =

(25) 6 × 10 =

(26) 6 × 1 =

(27) 6 × 6 =

(28) 6 × 5 =

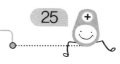
● 빈칸에 알맞은 수를 쓰시오.

(1) ☐ — 12 — 18 — ☐ — 30 — ☐

(2) 12 — ☐ — ☐ — 30 — ☐ — 42

(3) 18 — ☐ — 30 — 36 — ☐ — ☐

(4) 24 — 30 — ☐ — ☐ — ☐ — 54

● 곱셈을 하시오.

(5) 6 × 4 =

(6) 6 × 1 =

(7) 6 × 9 =

(8) 6 × 2 =

(9) 6 × 6 =

(10) 6 × 7 =

(11) 6 × 3 =

(12) 6 × 0 =

(13) 6 × 5 =

(14) 6 × 8 =

● 빈칸에 알맞은 수를 쓰시오.

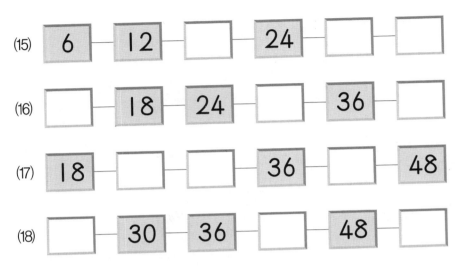

(15) 6 — 12 — ☐ — 24 — ☐ — ☐

(16) ☐ — 18 — 24 — ☐ — 36 — ☐

(17) 18 — ☐ — ☐ — 36 — ☐ — 48

(18) ☐ — 30 — 36 — ☐ — 48 — ☐

● 곱셈을 하시오.

(19) 6 × 3 =

(20) 6 × 9 =

(21) 6 × 1 =

(22) 6 × 7 =

(23) 6 × 2 =

(24) 6 × 6 =

(25) 6 × 4 =

(26) 6 × 8 =

(27) 6 × 5 =

(28) 6 × 10 =

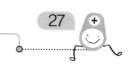

● 곱셈구구표를 큰 소리로 **3**번 읽은 다음, 곱셈을 하시오.

$6 \times 1 = 6$ 육 　 일은 　 육	(1) $6 \times 1 =$
$6 \times 2 = 12$ 육 　 이 　 십이	(2) $6 \times 2 =$
$6 \times 3 = 18$ 육 　 삼 　 십팔	(3) $6 \times 3 =$
$6 \times 4 = 24$ 육 　 사 　 이십사	(4) $6 \times 4 =$
$6 \times 5 = 30$ 육 　 오 　 삼십	(5) $6 \times 5 =$
$6 \times 6 = 36$ 육 　 육 　 삼십육	(6) $6 \times 6 =$
$6 \times 7 = 42$ 육 　 칠 　 사십이	(7) $6 \times 7 =$
$6 \times 8 = 48$ 육 　 팔 　 사십팔	(8) $6 \times 8 =$
$6 \times 9 = 54$ 육 　 구 　 오십사	(9) $6 \times 9 =$

(10) $6 \times 10 = 60$

1 2 3

Talk 곱셈구구표를 큰 소리로 한 번씩 읽을 때마다 체크합니다.

6 × 1 = 6

6 × 2 = 12

6 × 3 = 18

6 × 4 = 24

6 × 5 = 30

6 × 6 = 36

6 × 7 = 42

6 × 8 = 48

6 × 9 = 54

(11) 6 × 9 =

(12) 6 × 8 =

(13) 6 × 7 =

(14) 6 × 6 =

(15) 6 × 5 =

(16) 6 × 4 =

(17) 6 × 3 =

(18) 6 × 2 =

(19) 6 × 1 =

(20) 6 × 0 = 0

(21) 6 × 10 =

1 2 3

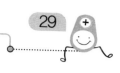

● 곱셈구구표를 큰 소리로 3번 읽은 다음, 곱셈을 하시오.

$6 \times 1 =$

$6 \times 2 = 12$

$6 \times 3 = 18$

$6 \times 4 =$

$6 \times 5 = 30$

$6 \times 6 = 36$

$6 \times 7 =$

$6 \times 8 = 48$

$6 \times 9 =$

1 2 3

(1) $6 \times 2 =$

(2) $6 \times 9 =$

(3) $6 \times 4 =$

(4) $6 \times 8 =$

(5) $6 \times 1 =$

(6) $6 \times 7 =$

(7) $6 \times 5 =$

(8) $6 \times 6 =$

(9) $6 \times 9 =$

(10) $6 \times 3 =$

$6 \times 1 = 6$	(11) $6 \times 3 =$
$6 \times 2 = $	(12) $6 \times 5 =$
$6 \times 3 = $	(13) $6 \times 0 =$
$6 \times 4 = 24$	(14) $6 \times 8 =$
$6 \times 5 = $	(15) $6 \times 4 =$
$6 \times 6 = $	(16) $6 \times 1 =$
$6 \times 7 = 42$	(17) $6 \times 7 =$
$6 \times 8 = $	(18) $6 \times 10 =$
$6 \times 9 = 54$	(19) $6 \times 6 =$
	(20) $6 \times 2 =$
	(21) $6 \times 9 =$

1 2 3

● 곱셈을 하시오.

(1) $6 \times 5 =$

(2) $6 \times 4 =$

(3) $6 \times 9 =$

(4) $6 \times 3 =$

(5) $6 \times 8 =$

(6) $6 \times 1 =$

(7) $6 \times 0 =$

(8) $6 \times 2 =$

(9) $6 \times 6 =$

(10) $6 \times 7 =$

(11) $6 \times 2 =$

(12) $6 \times 10 =$

(13) $6 \times 8 =$

(14) $6 \times 4 =$

(15) $6 \times 3 =$

(16) $6 \times 9 =$

×	1	2	3	4	5	6	7	8	9
6	6								

(17) $6 \times 5 =$

(18) $6 \times 9 =$

(19) $6 \times 6 =$

(20) $6 \times 1 =$

(21) $6 \times 7 =$

(22) $6 \times 2 =$

(23) $6 \times 8 =$

(24) $6 \times 3 =$

(25) $6 \times 10 =$

(26) $6 \times 6 =$

(27) $6 \times 0 =$

(28) $6 \times 4 =$

(29) $6 \times 2 =$

(30) $6 \times 9 =$

(31) $6 \times 3 =$

(32) $6 \times 7 =$

(33) $6 \times 5 =$

(34) $6 \times 8 =$

×	9	8	7	6	5	4	3	2	1
6	54								

● 곱셈을 하시오.

(1) $3 \times 1 =$

(2) $3 \times 2 =$

(3) $3 \times 3 =$

(4) $3 \times 4 =$

(5) $3 \times 5 =$

(6) $3 \times 6 =$

(7) $3 \times 7 =$

(8) $3 \times 8 =$

(9) $3 \times 9 =$

(10) $3 \times 10 =$

(11) $6 \times 1 =$

(12) $6 \times 2 =$

(13) $6 \times 3 =$

(14) $6 \times 4 =$

(15) $6 \times 5 =$

(16) $6 \times 6 =$

(17) $6 \times 7 =$

(18) $6 \times 8 =$

(19) $6 \times 9 =$

(20) $6 \times 10 =$

(21) $3 \times 4 =$

(22) $3 \times 2 =$

(23) $3 \times 8 =$

(24) $3 \times 1 =$

(25) $3 \times 7 =$

(26) $3 \times 0 =$

(27) $3 \times 6 =$

(28) $3 \times 9 =$

(29) $3 \times 3 =$

(30) $3 \times 5 =$

(31) $3 \times 10 =$

(32) $6 \times 5 =$

(33) $6 \times 2 =$

(34) $6 \times 0 =$

(35) $6 \times 6 =$

(36) $6 \times 1 =$

(37) $6 \times 7 =$

(38) $6 \times 3 =$

(39) $6 \times 9 =$

(40) $6 \times 8 =$

(41) $6 \times 10 =$

(42) $6 \times 4 =$

● 곱셈을 하시오.

(1) $3 \times 5 =$

(2) $6 \times 7 =$

(3) $3 \times 6 =$

(4) $6 \times 8 =$

(5) $3 \times 1 =$

(6) $6 \times 3 =$

(7) $6 \times 9 =$

(8) $3 \times 2 =$

(9) $3 \times 9 =$

(10) $6 \times 4 =$

(11) $6 \times 1 =$

(12) $3 \times 4 =$

(13) $6 \times 2 =$

(14) $3 \times 7 =$

(15) $6 \times 5 =$

(16) $6 \times 0 =$

(17) $3 \times 3 =$

(18) $3 \times 8 =$

(19) $6 \times 6 =$

(20) $3 \times 10 =$

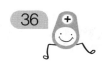

(21) $3 \times 5 =$

(22) $6 \times 2 =$

(23) $3 \times 6 =$

(24) $6 \times 3 =$

(25) $3 \times 10 =$

(26) $6 \times 7 =$

(27) $3 \times 1 =$

(28) $6 \times 9 =$

(29) $3 \times 2 =$

(30) $3 \times 9 =$

(31) $6 \times 6 =$

(32) $3 \times 7 =$

(33) $6 \times 8 =$

(34) $6 \times 10 =$

(35) $6 \times 1 =$

(36) $3 \times 8 =$

(37) $3 \times 0 =$

(38) $6 \times 4 =$

(39) $3 \times 3 =$

(40) $6 \times 5 =$

(41) $3 \times 4 =$

(42) $6 \times 0 =$

● 곱셈을 하시오.

(1) $3 \times 2 =$

(2) $3 \times 4 =$

(3) $6 \times 2 =$

(4) $6 \times 5 =$

(5) $3 \times 10 =$

(6) $3 \times 1 =$

(7) $3 \times 3 =$

(8) $6 \times 4 =$

(9) $3 \times 8 =$

(10) $6 \times 7 =$

(11) $3 \times 9 =$

(12) $6 \times 8 =$

(13) $6 \times 9 =$

(14) $6 \times 1 =$

(15) $3 \times 7 =$

(16) $6 \times 6 =$

(17) $3 \times 5 =$

(18) $3 \times 6 =$

(19) $6 \times 3 =$

(20) $6 \times 0 =$

(21) $6 \times 1 =$

(22) $6 \times 4 =$

(23) $3 \times 2 =$

(24) $6 \times 3 =$

(25) $3 \times 3 =$

(26) $3 \times 6 =$

(27) $3 \times 10 =$

(28) $6 \times 10 =$

(29) $3 \times 7 =$

(30) $3 \times 1 =$

(31) $6 \times 6 =$

(32) $6 \times 5 =$

(33) $6 \times 2 =$

(34) $6 \times 7 =$

(35) $6 \times 8 =$

(36) $3 \times 4 =$

(37) $6 \times 9 =$

(38) $3 \times 5 =$

(39) $6 \times 0 =$

(40) $3 \times 0 =$

(41) $3 \times 8 =$

(42) $3 \times 9 =$

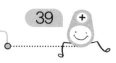

● 곱셈을 하시오.

(1) $3 \times 2 =$

(8) $3 \times 5 =$

(2) $6 \times 1 =$

(9) $6 \times 7 =$

(3) $3 \times 9 =$

(10) $6 \times 0 =$

(4) $3 \times 1 =$

(11) $3 \times 3 =$

(5) $6 \times 3 =$

(12) $6 \times 2 =$

(6) $3 \times 7 =$

(13) $3 \times 8 =$

(7) $6 \times 4 =$

(14) $6 \times 5 =$

×	1	2	3	4	5	6	7	8	9
3	3								
6	6								

(15) $3 \times 7 =$

(16) $3 \times 8 =$

(17) $6 \times 8 =$

(18) $6 \times 10 =$

(19) $6 \times 3 =$

(20) $3 \times 3 =$

(21) $6 \times 4 =$

(22) $3 \times 2 =$

(23) $3 \times 6 =$

(24) $3 \times 10 =$

(25) $6 \times 6 =$

(26) $3 \times 4 =$

(27) $6 \times 2 =$

(28) $3 \times 0 =$

(29) $6 \times 5 =$

(30) $6 \times 9 =$

×	9	8	7	6	5	4	3	2	1
3	27								
6	54								

곱셈구구 (4)

4주차

요일	교재 번호	학습한 날짜	확인
1일차(월)	01~08	월 일	
2일차(화)	09~16	월 일	
3일차(수)	17~24	월 일	
4일차(목)	25~32	월 일	
5일차(금)	33~40	월 일	

● 그림을 보고 □ 안에 알맞은 수를 쓰시오.

(1)

9개짜리 $\boxed{1}$ 묶음

$9 \times 1 = \boxed{9}$

(2)

9개짜리 $\boxed{}$ 묶음

$9 \times 2 = \boxed{}$

(3)

9개짜리 $\boxed{}$ 묶음

$9 \times 3 = \boxed{}$

(4)

9개짜리 $\boxed{}$ 묶음

$9 \times 4 = \boxed{}$

(5)

9개짜리 $\boxed{}$ 묶음

$9 \times 5 = \boxed{}$

Talk 한 묶음씩 늘어날 때마다 9개씩 늘어나므로 9개짜리 ▲묶음은 9 × ▲로 나타냅니다.

(6)

9개짜리 ☐ 묶음

$9 \times 6 =$ ☐

(7)

9개짜리 ☐ 묶음

$9 \times 7 =$ ☐

(8)

9개짜리 ☐ 묶음

$9 \times 8 =$ ☐

(9)

9개짜리 ☐ 묶음

$9 \times 9 =$ ☐

● 덧셈식을 보고 곱셈을 하시오.

(1) 9 $\qquad$ $9 \times 1 = \boxed{9}$

(2) $9+9=18$ $\qquad$ $9 \times 2 = \boxed{}$

(3) $9+9+9=27$ $\qquad$ $9 \times 3 = \boxed{}$

(4) $9+9+9+9=36$ $\qquad$ $9 \times 4 = \boxed{}$

(5) $9+9+9+9+9=45$ $\qquad$ $9 \times 5 = \boxed{}$

(6) $9+9+9+9+9+9=54$ $\qquad$ $9 \times 6 = \boxed{}$

(7) $9+9+9+9+9+9+9=63$ $\qquad$ $9 \times 7 = \boxed{}$

(8) $9+9+9+9+9+9+9+9=72$ $\qquad$ $9 \times 8 = \boxed{}$

(9) $9+9+9+9+9+9+9+9+9=81$ $\quad$ $9 \times 9 = \boxed{}$

Talk 같은 수를 반복하여 더한 합은 그 수에 더한 횟수만큼 곱한 것과 같습니다.
따라서 9를 ★번 더한 것은 9 × ★로 나타냅니다.

● 덧셈식을 보고 곱셈을 하시오.

(10) $9+9+9+9=36$　　　　　$9 \times 4 =$ ☐

(11) $9+9+9+9+9+9=54$　　　$9 \times 6 =$ ☐

(12) 9　　　　　　　　　　　　$9 \times 1 =$ ☐

(13) $9+9+9+9+9+9+9+9=72$　$9 \times 8 =$ ☐

(14) $9+9+9+9+9=45$　　　　$9 \times 5 =$ ☐

(15) $9+9+9=27$　　　　　　　$9 \times 3 =$ ☐

(16) $9+9+9+9+9+9+9+9+9=81$　$9 \times 9 =$ ☐

(17) $9+9+9+9+9+9+9=63$　　$9 \times 7 =$ ☐

(18) $9+9=18$　　　　　　　　$9 \times 2 =$ ☐

● 빈칸에 알맞은 수를 쓰시오.

(1) `9` — `18` — `☐` — `36` — `☐` — `54`

(2) `18` — `27` — `☐` — `45` — `☐` — `☐`

(3) `☐` — `☐` — `45` — `☐` — `63` — `72`

(4) `36` — `☐` — `54` — `☐` — `72` — `☐`

● 곱셈을 하시오.

(5) $9 \times 1 =$

(6) $9 \times 2 =$

(7) $9 \times 3 =$

(8) $9 \times 4 =$

(9) $9 \times 5 =$

(10) $9 \times 6 =$

(11) $9 \times 7 =$

(12) $9 \times 8 =$

(13) $9 \times 9 =$

★(14) $9 \times 10 = 90$

9의 단 곱셈구구는 9씩 커집니다. 따라서 9×10은 9×9보다 9 큰 수입니다.

● 빈칸에 알맞은 수를 쓰시오.

(15) | 9 | 18 | 27 | | 45 | |

(16) | 18 | | | | 54 | 63 |

(17) | 27 | | | 54 | | 72 |

(18) | 36 | | 54 | 63 | | |

● 곱셈을 하시오.

(19) $9 \times 9 =$

(20) $9 \times 8 =$

(21) $9 \times 7 =$

(22) $9 \times 6 =$

(23) $9 \times 5 =$

(24) $9 \times 4 =$

(25) $9 \times 3 =$

(26) $9 \times 2 =$

(27) $9 \times 1 =$

★(28) $9 \times 0 = 0$

ME04 곱셈구구 (4)

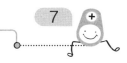

● 빈칸에 알맞은 수를 쓰시오.

(1) 9 ― 18 ― ☐ ― ☐ ― ☐ ― 54

(2) ☐ ― 27 ― 36 ― ☐ ― ☐ ― 63

(3) 27 ― ☐ ― ☐ ― 54 ― 63 ― ☐

(4) ☐ ― 45 ― ☐ ― 63 ― ☐ ― 81

● 곱셈을 하시오.

(5) $9 \times 2 =$

(6) $9 \times 3 =$

(7) $9 \times 0 =$

(8) $9 \times 4 =$

(9) $9 \times 5 =$

(10) $9 \times 1 =$

(11) $9 \times 7 =$

(12) $9 \times 8 =$

(13) $9 \times 9 =$

(14) $9 \times 6 =$

● 빈칸에 알맞은 수를 쓰시오.

(15) [　] — 27 — 36 — [　] — 54 — [　]

(16) 27 — 36 — [　] — [　] — 63 — [　]

(17) 36 — [　] — 54 — [　] — [　] — 81

(18) 45 — [　] — [　] — 72 — [　] — 90

● 곱셈을 하시오.

(19) $9 \times 4 =$

(20) $9 \times 5 =$

(21) $9 \times 6 =$

(22) $9 \times 1 =$

(23) $9 \times 2 =$

(24) $9 \times 3 =$

(25) $9 \times 7 =$

(26) $9 \times 8 =$

(27) $9 \times 9 =$

(28) $9 \times 10 =$

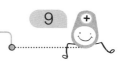
● 빈칸에 알맞은 수를 쓰시오.

(1) 9 — ☐ — 27 — ☐ — 45 — ☐

(2) ☐ — 27 — ☐ — 45 — 54 — ☐

(3) 27 — 36 — ☐ — ☐ — ☐ — 72

(4) ☐ — ☐ — 54 — 63 — ☐ — 81

● 곱셈을 하시오.

(5) $9 \times 2 =$

(6) $9 \times 5 =$

(7) $9 \times 7 =$

(8) $9 \times 1 =$

(9) $9 \times 8 =$

(10) $9 \times 6 =$

(11) $9 \times 0 =$

(12) $9 \times 3 =$

(13) $9 \times 4 =$

(14) $9 \times 9 =$

● 빈칸에 알맞은 수를 쓰시오.

(15) | 9 | 18 | | 36 | | |

(16) | 18 | | 36 | | | 63 |

(17) | 27 | | | | 63 | 72 |

(18) | | 45 | 54 | 63 | | |

● 곱셈을 하시오.

(19) $9 \times 3 =$

(20) $9 \times 9 =$

(21) $9 \times 1 =$

(22) $9 \times 5 =$

(23) $9 \times 2 =$

(24) $9 \times 6 =$

(25) $9 \times 4 =$

(26) $9 \times 7 =$

(27) $9 \times 8 =$

(28) $9 \times 10 =$

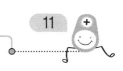

11

● 곱셈구구표를 큰 소리로 3번 읽은 다음, 곱셈을 하시오.

$9 \times 1 = 9$ 구　　일은　　구	(1) $9 \times 1 =$
$9 \times 2 = 18$ 구　　이　　십팔	(2) $9 \times 2 =$
$9 \times 3 = 27$ 구　　삼　　이십칠	(3) $9 \times 3 =$
$9 \times 4 = 36$ 구　　사　　삼십육	(4) $9 \times 4 =$
$9 \times 5 = 45$ 구　　오　　사십오	(5) $9 \times 5 =$
$9 \times 6 = 54$ 구　　육　　오십사	(6) $9 \times 6 =$
$9 \times 7 = 63$ 구　　칠　　육십삼	(7) $9 \times 7 =$
$9 \times 8 = 72$ 구　　팔　　칠십이	(8) $9 \times 8 =$
$9 \times 9 = 81$ 구　　구　　팔십일	(9) $9 \times 9 =$

(10) $9 \times 10 = 90$

1 2 3

Talk 곱셈구구표를 큰 소리로 한 번씩 읽을 때마다 체크합니다.

$9 \times 1 = 9$

$9 \times 2 = 18$

$9 \times 3 = 27$

$9 \times 4 = 36$

$9 \times 5 = 45$

$9 \times 6 = 54$

$9 \times 7 = 63$

$9 \times 8 = 72$

$9 \times 9 = 81$

(11) $9 \times 9 =$

(12) $9 \times 8 =$

(13) $9 \times 7 =$

(14) $9 \times 6 =$

(15) $9 \times 5 =$

(16) $9 \times 4 =$

(17) $9 \times 3 =$

(18) $9 \times 2 =$

(19) $9 \times 1 =$

(20) $9 \times 0 = 0$

(21) $9 \times 10 =$

1 2 3

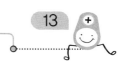

● 곱셈구구표를 큰 소리로 3번 읽은 다음, 곱셈을 하시오.

$9 \times 1 = 9$

$9 \times 2 = $

$9 \times 3 = 27$

$9 \times 4 = $

$9 \times 5 = 45$

$9 \times 6 = 54$

$9 \times 7 = $

$9 \times 8 = $

$9 \times 9 = 81$

1 2 3

(1) $9 \times 4 =$

(2) $9 \times 3 =$

(3) $9 \times 5 =$

(4) $9 \times 7 =$

(5) $9 \times 9 =$

(6) $9 \times 10 =$

(7) $9 \times 8 =$

(8) $9 \times 2 =$

(9) $9 \times 1 =$

(10) $9 \times 6 =$

$9 \times 1 =$

$9 \times 2 = 18$

$9 \times 3 =$

$9 \times 4 = 36$

$9 \times 5 =$

$9 \times 6 =$

$9 \times 7 = 63$

$9 \times 8 = 72$

$9 \times 9 =$

(11) $9 \times 2 =$

(12) $9 \times 4 =$

(13) $9 \times 0 =$

(14) $9 \times 6 =$

(15) $9 \times 3 =$

(16) $9 \times 1 =$

(17) $9 \times 7 =$

(18) $9 \times 5 =$

(19) $9 \times 10 =$

(20) $9 \times 9 =$

(21) $9 \times 8 =$

1 2 3

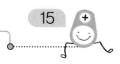

● 곱셈을 하시오.

(1) $9 \times 5 =$

(9) $9 \times 9 =$

(2) $9 \times 6 =$

(10) $9 \times 7 =$

(3) $9 \times 1 =$

(11) $9 \times 4 =$

(4) $9 \times 9 =$

(12) $9 \times 2 =$

(5) $9 \times 10 =$

(13) $9 \times 8 =$

(6) $9 \times 2 =$

(14) $9 \times 0 =$

(7) $9 \times 3 =$

(15) $9 \times 3 =$

(8) $9 \times 8 =$

(16) $9 \times 1 =$

×	1	2	3	4	5	6	7	8	9
9	9								

(17) $9 \times 7 =$

(18) $9 \times 5 =$

(19) $9 \times 8 =$

(20) $9 \times 10 =$

(21) $9 \times 6 =$

(22) $9 \times 3 =$

(23) $9 \times 9 =$

(24) $9 \times 4 =$

(25) $9 \times 2 =$

(26) $9 \times 3 =$

(27) $9 \times 4 =$

(28) $9 \times 1 =$

(29) $9 \times 7 =$

(30) $9 \times 9 =$

(31) $9 \times 8 =$

(32) $9 \times 0 =$

(33) $9 \times 5 =$

(34) $9 \times 6 =$

×	9	8	7	6	5	4	3	2	1
9	81								

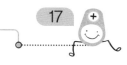

● 그림을 보고 ☐ 안에 알맞은 수를 쓰시오.

---

(1)

7개짜리 ☐1☐ 묶음

$7 \times 1 = $ ☐7☐

---

(2)

7개짜리 ☐ 묶음

$7 \times 2 = $ ☐

---

(3)

7개짜리 ☐ 묶음

$7 \times 3 = $ ☐

---

(4)

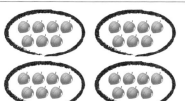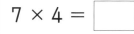

7개짜리 ☐ 묶음

$7 \times 4 = $ ☐

---

(5)

7개짜리 ☐ 묶음

$7 \times 5 = $ ☐

한 묶음씩 늘어날 때마다 7개씩 늘어나므로 7개짜리 ▲묶음은 7 × ▲로
나타냅니다.

(6)

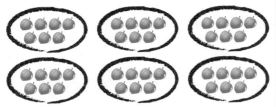

7개짜리 ☐ 묶음

$7 \times 6 =$ ☐

(7)

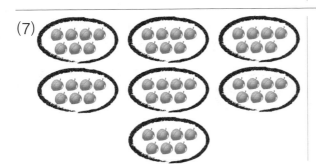

7개짜리 ☐ 묶음

$7 \times 7 =$ ☐

(8)

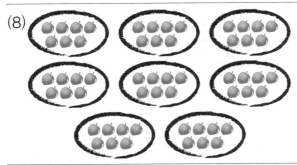

7개짜리 ☐ 묶음

$7 \times 8 =$ ☐

(9)

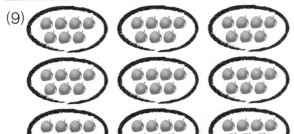

7개짜리 ☐ 묶음

$7 \times 9 =$ ☐

● 덧셈식을 보고 곱셈을 하시오.

---

(1) **7**　　　　　　　　　　　　　　$7 \times 1 = \boxed{7}$

---

(2) **7+7=14**　　　　　　　　　　$7 \times 2 = \boxed{}$

---

(3) **7+7+7=21**　　　　　　　　$7 \times 3 = \boxed{}$

---

(4) **7+7+7+7=28**　　　　　$7 \times 4 = \boxed{}$

---

(5) **7+7+7+7+7=35**　　　$7 \times 5 = \boxed{}$

---

(6) **7+7+7+7+7+7=42**　$7 \times 6 = \boxed{}$

---

(7) **7+7+7+7+7+7+7=49**　$7 \times 7 = \boxed{}$

---

(8) **7+7+7+7+7+7+7+7=56**　$7 \times 8 = \boxed{}$

---

(9) **7+7+7+7+7+7+7+7+7=63**　$7 \times 9 = \boxed{}$

Talk 같은 수를 반복하여 더한 합은 그 수에 더한 횟수만큼 곱한 것과 같습니다.
따라서 7을 ★번 더한 것은 7 × ★로 나타냅니다.

● 덧셈식을 보고 곱셈을 하시오.

(10) $7+7+7+7+7+7=42$ | $7\times6=\boxed{}$

(11) $7+7+7=21$ | $7\times3=\boxed{}$

(12) $7+7+7+7+7+7+7+7=56$ | $7\times8=\boxed{}$

(13) 7 | $7\times1=\boxed{}$

(14) $7+7+7+7+7+7+7+7+7=63$ | $7\times9=\boxed{}$

(15) $7+7+7+7=28$ | $7\times4=\boxed{}$

(16) $7+7=14$ | $7\times2=\boxed{}$

(17) $7+7+7+7+7=35$ | $7\times5=\boxed{}$

(18) $7+7+7+7+7+7+7=49$ | $7\times7=\boxed{}$

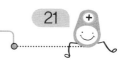

● 빈칸에 알맞은 수를 쓰시오.

(1) 7 — □ — 21 — □ — 35 — 42

(2) □ — 21 — 28 — 35 — □ — □

(3) 21 — □ — □ — 42 — 49 — □

(4) □ — 35 — □ — 49 — □ — 63

● 곱셈을 하시오.

(5) 7 × 1 =

(6) 7 × 2 =

(7) 7 × 3 =

(8) 7 × 4 =

(9) 7 × 5 =

(10) 7 × 6 =

(11) 7 × 7 =

(12) 7 × 8 =

(13) 7 × 9 =

★(14) 7 × 10 = 70

 7의 단 곱셈구구는 7씩 커집니다. 따라서 7 × 10은 7 × 9보다 7 큰 수입니다.

● 빈칸에 알맞은 수를 쓰시오.

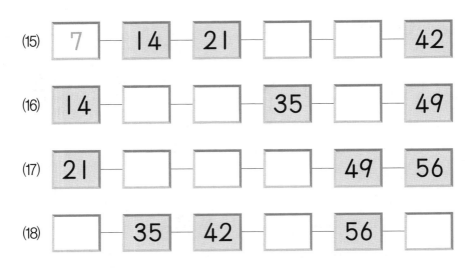

(15) $\boxed{7}$ — $\boxed{14}$ — $\boxed{21}$ — $\boxed{}$ — $\boxed{}$ — $\boxed{42}$

(16) $\boxed{14}$ — $\boxed{}$ — $\boxed{}$ — $\boxed{35}$ — $\boxed{}$ — $\boxed{49}$

(17) $\boxed{21}$ — $\boxed{}$ — $\boxed{}$ — $\boxed{}$ — $\boxed{49}$ — $\boxed{56}$

(18) $\boxed{}$ — $\boxed{35}$ — $\boxed{42}$ — $\boxed{}$ — $\boxed{56}$ — $\boxed{}$

● 곱셈을 하시오.

(19) $7 \times 9 =$

(20) $7 \times 8 =$

(21) $7 \times 7 =$

(22) $7 \times 6 =$

(23) $7 \times 5 =$

(24) $7 \times 4 =$

(25) $7 \times 3 =$

(26) $7 \times 2 =$

(27) $7 \times 1 =$

★(28) $7 \times 0 = 0$

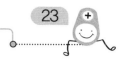

● 빈칸에 알맞은 수를 쓰시오.

(1) | 7 | | 21 | 28 | | |

(2) | 14 | | | | 42 | 49 |

(3) | | 28 | | | 49 | 56 |

(4) | | 35 | 42 | 49 | | |

● 곱셈을 하시오.

(5) $7 \times 0 =$

(6) $7 \times 1 =$

(7) $7 \times 2 =$

(8) $7 \times 4 =$

(9) $7 \times 5 =$

(10) $7 \times 3 =$

(11) $7 \times 7 =$

(12) $7 \times 6 =$

(13) $7 \times 8 =$

(14) $7 \times 9 =$

● 빈칸에 알맞은 수를 쓰시오.

(15) [ ] — 21 — [ ] — 35 — 42 — [ ]

(16) 21 — [ ] — 35 — [ ] — [ ] — 56

(17) [ ] — 35 — 42 — 49 — [ ] — [ ]

(18) 35 — [ ] — [ ] — [ ] — 63 — 70

● 곱셈을 하시오.

(19) $7 \times 3 =$

(20) $7 \times 4 =$

(21) $7 \times 2 =$

(22) $7 \times 7 =$

(23) $7 \times 8 =$

(24) $7 \times 9 =$

(25) $7 \times 10 =$

(26) $7 \times 1 =$

(27) $7 \times 6 =$

(28) $7 \times 5 =$

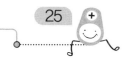
● 빈칸에 알맞은 수를 쓰시오.

(1) ☐ ― 14 ― ☐ ― 28 ― ☐ ― 42

(2) 14 ― ☐ ― ☐ ― 35 ― 42 ― ☐

(3) ☐ ― 28 ― 35 ― ☐ ― ☐ ― 56

(4) 28 ― ☐ ― 42 ― ☐ ― 56 ― ☐

● 곱셈을 하시오.

(5) $7 \times 7 =$

(10) $7 \times 5 =$

(6) $7 \times 3 =$

(11) $7 \times 1 =$

(7) $7 \times 9 =$

(12) $7 \times 0 =$

(8) $7 \times 2 =$

(13) $7 \times 4 =$

(9) $7 \times 6 =$

(14) $7 \times 8 =$

● 빈칸에 알맞은 수를 쓰시오.

(15) 7 — 14 — ☐ — ☐ — 35 — ☐

(16) 14 — ☐ — 28 — ☐ — ☐ — 49

(17) 21 — 28 — ☐ — ☐ — 49 — ☐

(18) ☐ — ☐ — 42 — 49 — ☐ — 63

● 곱셈을 하시오.

(19) 7 × 2 =

(20) 7 × 5 =

(21) 7 × 1 =

(22) 7 × 9 =

(23) 7 × 7 =

(24) 7 × 6 =

(25) 7 × 3 =

(26) 7 × 8 =

(27) 7 × 4 =

(28) 7 × 10 =

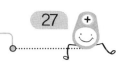

ME04 곱셈구구 (4)

● 곱셈구구표를 큰 소리로 3번 읽은 다음, 곱셈을 하시오.

| $7 \times 1 = 7$ |
| 칠 일은 칠 |

| $7 \times 2 = 14$ |
| 칠 이 십사 |

| $7 \times 3 = 21$ |
| 칠 삼 이십일 |

| $7 \times 4 = 28$ |
| 칠 사 이십팔 |

| $7 \times 5 = 35$ |
| 칠 오 삼십오 |

| $7 \times 6 = 42$ |
| 칠 육 사십이 |

| $7 \times 7 = 49$ |
| 칠 칠 사십구 |

| $7 \times 8 = 56$ |
| 칠 팔 오십육 |

| $7 \times 9 = 63$ |
| 칠 구 육십삼 |

(1) $7 \times 1 =$

(2) $7 \times 2 =$

(3) $7 \times 3 =$

(4) $7 \times 4 =$

(5) $7 \times 5 =$

(6) $7 \times 6 =$

(7) $7 \times 7 =$

(8) $7 \times 8 =$

(9) $7 \times 9 =$

(10) $7 \times 10 = 70$

1 2 3

Talk 곱셈구구표를 큰 소리로 한 번씩 읽을 때마다 체크합니다.

$7 \times 1 = 7$

$7 \times 2 = 14$

$7 \times 3 = 21$

$7 \times 4 = 28$

$7 \times 5 = 35$

$7 \times 6 = 42$

$7 \times 7 = 49$

$7 \times 8 = 56$

$7 \times 9 = 63$

(11) $7 \times 9 =$

(12) $7 \times 8 =$

(13) $7 \times 7 =$

(14) $7 \times 6 =$

(15) $7 \times 5 =$

(16) $7 \times 4 =$

(17) $7 \times 3 =$

(18) $7 \times 2 =$

(19) $7 \times 1 =$

(20) $7 \times 0 = 0$

(21) $7 \times 10 =$

1 2 3

● 곱셈구구표를 큰 소리로 3번 읽은 다음, 곱셈을 하시오.

$7 \times 1 = $

$7 \times 2 = 14$

$7 \times 3 = $

$7 \times 4 = 28$

$7 \times 5 = $

$7 \times 6 = 42$

$7 \times 7 = 49$

$7 \times 8 = $

$7 \times 9 = 63$

1 2 3

(1) $7 \times 1 = $

(2) $7 \times 8 = $

(3) $7 \times 2 = $

(4) $7 \times 9 = $

(5) $7 \times 10 = $

(6) $7 \times 5 = $

(7) $7 \times 6 = $

(8) $7 \times 4 = $

(9) $7 \times 7 = $

(10) $7 \times 3 = $

$7 \times 1 = 7$

$7 \times 2 = $

$7 \times 3 = 21$

$7 \times 4 = $

$7 \times 5 = 35$

$7 \times 6 = $

$7 \times 7 = $

$7 \times 8 = 56$

$7 \times 9 = $

(11) $7 \times 0 =$

(12) $7 \times 1 =$

(13) $7 \times 6 =$

(14) $7 \times 8 =$

(15) $7 \times 2 =$

(16) $7 \times 7 =$

(17) $7 \times 10 =$

(18) $7 \times 3 =$

(19) $7 \times 9 =$

(20) $7 \times 4 =$

(21) $7 \times 5 =$

1 2 3

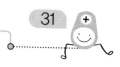

● 곱셈을 하시오.

(1) $7 \times 6 =$

(9) $7 \times 7 =$

(2) $7 \times 5 =$

(10) $7 \times 1 =$

(3) $7 \times 9 =$

(11) $7 \times 0 =$

(4) $7 \times 10 =$

(12) $7 \times 5 =$

(5) $7 \times 4 =$

(13) $7 \times 2 =$

(6) $7 \times 3 =$

(14) $7 \times 8 =$

(7) $7 \times 8 =$

(15) $7 \times 6 =$

(8) $7 \times 2 =$

(16) $7 \times 3 =$

×	1	2	3	4	5	6	7	8	9
7	7								

(17) $7 \times 2 =$

(18) $7 \times 5 =$

(19) $7 \times 9 =$

(20) $7 \times 10 =$

(21) $7 \times 3 =$

(22) $7 \times 7 =$

(23) $7 \times 8 =$

(24) $7 \times 4 =$

(25) $7 \times 1 =$

(26) $7 \times 6 =$

(27) $7 \times 4 =$

(28) $7 \times 7 =$

(29) $7 \times 0 =$

(30) $7 \times 2 =$

(31) $7 \times 8 =$

(32) $7 \times 3 =$

(33) $7 \times 9 =$

(34) $7 \times 5 =$

×	9	8	7	6	5	4	3	2	1
7	63								

ME04 곱셈구구 (4)

● 곱셈을 하시오.

(1) $9 \times 1 =$

(2) $9 \times 2 =$

(3) $9 \times 3 =$

(4) $9 \times 4 =$

(5) $9 \times 5 =$

(6) $9 \times 6 =$

(7) $9 \times 7 =$

(8) $9 \times 8 =$

(9) $9 \times 9 =$

(10) $9 \times 10 =$

(11) $7 \times 1 =$

(12) $7 \times 2 =$

(13) $7 \times 3 =$

(14) $7 \times 4 =$

(15) $7 \times 5 =$

(16) $7 \times 6 =$

(17) $7 \times 7 =$

(18) $7 \times 8 =$

(19) $7 \times 9 =$

(20) $7 \times 10 =$

(21) $9 \times 4 =$

(22) $9 \times 0 =$

(23) $9 \times 1 =$

(24) $9 \times 8 =$

(25) $9 \times 2 =$

(26) $9 \times 10 =$

(27) $9 \times 5 =$

(28) $9 \times 6 =$

(29) $9 \times 3 =$

(30) $9 \times 9 =$

(31) $9 \times 7 =$

(32) $7 \times 3 =$

(33) $7 \times 6 =$

(34) $7 \times 4 =$

(35) $7 \times 9 =$

(36) $7 \times 0 =$

(37) $7 \times 1 =$

(38) $7 \times 7 =$

(39) $7 \times 2 =$

(40) $7 \times 10 =$

(41) $7 \times 8 =$

(42) $7 \times 5 =$

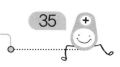

● 곱셈을 하시오.

(1) $9 \times 5 =$

(2) $7 \times 1 =$

(3) $7 \times 6 =$

(4) $9 \times 1 =$

(5) $7 \times 3 =$

(6) $9 \times 9 =$

(7) $7 \times 5 =$

(8) $7 \times 8 =$

(9) $9 \times 3 =$

(10) $9 \times 7 =$

(11) $7 \times 2 =$

(12) $9 \times 2 =$

(13) $9 \times 6 =$

(14) $7 \times 7 =$

(15) $7 \times 4 =$

(16) $9 \times 4 =$

(17) $7 \times 9 =$

(18) $9 \times 8 =$

(19) $7 \times 10 =$

(20) $9 \times 10 =$

(21) $9 \times 1 =$

(22) $7 \times 2 =$

(23) $9 \times 6 =$

(24) $7 \times 5 =$

(25) $7 \times 8 =$

(26) $9 \times 2 =$

(27) $7 \times 3 =$

(28) $9 \times 9 =$

(29) $7 \times 10 =$

(30) $9 \times 5 =$

(31) $7 \times 0 =$

(32) $9 \times 7 =$

(33) $9 \times 0 =$

(34) $7 \times 1 =$

(35) $9 \times 3 =$

(36) $7 \times 4 =$

(37) $7 \times 7 =$

(38) $9 \times 8 =$

(39) $9 \times 4 =$

(40) $7 \times 6 =$

(41) $7 \times 9 =$

(42) $9 \times 10 =$

● 곱셈을 하시오.

(1) $9 \times 2 =$

(2) $9 \times 4 =$

(3) $9 \times 3 =$

(4) $7 \times 2 =$

(5) $9 \times 9 =$

(6) $7 \times 9 =$

(7) $9 \times 7 =$

(8) $7 \times 7 =$

(9) $9 \times 8 =$

(10) $9 \times 6 =$

(11) $7 \times 4 =$

(12) $9 \times 1 =$

(13) $7 \times 1 =$

(14) $7 \times 3 =$

(15) $9 \times 10 =$

(16) $7 \times 5 =$

(17) $7 \times 6 =$

(18) $7 \times 8 =$

(19) $7 \times 10 =$

(20) $9 \times 5 =$

(21) $7 \times 4 =$

(22) $9 \times 1 =$

(23) $9 \times 2 =$

(24) $7 \times 3 =$

(25) $7 \times 5 =$

(26) $9 \times 4 =$

(27) $7 \times 10 =$

(28) $7 \times 0 =$

(29) $7 \times 9 =$

(30) $7 \times 8 =$

(31) $9 \times 9 =$

(32) $7 \times 7 =$

(33) $9 \times 6 =$

(34) $7 \times 1 =$

(35) $9 \times 10 =$

(36) $9 \times 3 =$

(37) $9 \times 5 =$

(38) $7 \times 2 =$

(39) $9 \times 8 =$

(40) $9 \times 0 =$

(41) $9 \times 7 =$

(42) $7 \times 6 =$

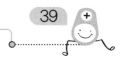

ME04 곱셈구구 (4)

● 곱셈을 하시오.

(1) $7 \times 2 =$

(8) $7 \times 9 =$

(2) $9 \times 1 =$

(9) $9 \times 5 =$

(3) $7 \times 5 =$

(10) $9 \times 6 =$

(4) $9 \times 7 =$

(11) $7 \times 1 =$

(5) $7 \times 7 =$

(12) $7 \times 6 =$

(6) $7 \times 4 =$

(13) $9 \times 2 =$

(7) $9 \times 3 =$

(14) $9 \times 8 =$

×	1	2	3	4	5	6	7	8	9
9	9								
7	7								

(15) $9 \times 7 =$ (23) $9 \times 6 =$

(16) $9 \times 0 =$ (24) $9 \times 10 =$

(17) $7 \times 3 =$ (25) $7 \times 10 =$

(18) $9 \times 3 =$ (26) $9 \times 9 =$

(19) $7 \times 4 =$ (27) $7 \times 1 =$

(20) $9 \times 8 =$ (28) $7 \times 9 =$

(21) $7 \times 8 =$ (29) $7 \times 5 =$

(22) $7 \times 0 =$ (30) $9 \times 4 =$

×	9	8	7	6	5	4	3	2	1
9	81								
7	63								

학교 연산 대비하자

연산 UP

● 곱셈을 하시오.

(1) $2 \times 3 =$

(2) $3 \times 5 =$

(3) $4 \times 2 =$

(4) $5 \times 8 =$

(5) $3 \times 0 =$

(6) $7 \times 9 =$

(7) $8 \times 6 =$

(8) $9 \times 5 =$

(9) $2 \times 1 =$

(10) $1 \times 4 =$

(11) $4 \times 8 =$

(12) $3 \times 2 =$

(13) $2 \times 7 =$

(14) $6 \times 1 =$

(15) $7 \times 3 =$

(16) $9 \times 4 =$

(17) $5 \times 6 =$

(18) $3 \times 7 =$

(19) $8 \times 9 =$

(20) $6 \times 6 =$

(21) $4 \times 7 =$

(22) $8 \times 3 =$

(23) $6 \times 5 =$

(24) $3 \times 1 =$

(25) $2 \times 5 =$

(26) $7 \times 8 =$

(27) $4 \times 4 =$

(28) $6 \times 0 =$

(29) $5 \times 2 =$

(30) $9 \times 9 =$

(31) $3 \times 4 =$

(32) $6 \times 2 =$

(33) $7 \times 6 =$

(34) $1 \times 5 =$

(35) $2 \times 8 =$

(36) $3 \times 3 =$

(37) $6 \times 9 =$

(38) $5 \times 7 =$

(39) $9 \times 2 =$

(40) $4 \times 3 =$

(41) $8 \times 4 =$

(42) $7 \times 1 =$

● 곱셈을 하시오.

(1) $3 \times 6 =$

(2) $4 \times 0 =$

(3) $5 \times 3 =$

(4) $2 \times 2 =$

(5) $7 \times 4 =$

(6) $6 \times 8 =$

(7) $9 \times 1 =$

(8) $4 \times 5 =$

(9) $8 \times 7 =$

(10) $5 \times 9 =$

(11) $7 \times 7 =$

(12) $4 \times 9 =$

(13) $5 \times 5 =$

(14) $3 \times 8 =$

(15) $8 \times 5 =$

(16) $2 \times 6 =$

(17) $1 \times 8 =$

(18) $6 \times 4 =$

(19) $9 \times 7 =$

(20) $0 \times 2 =$

(21) $2 \times 7 =$

(22) $8 \times 2 =$

(23) $1 \times 7 =$

(24) $3 \times 9 =$

(25) $6 \times 3 =$

(26) $4 \times 4 =$

(27) $2 \times 3 =$

(28) $9 \times 8 =$

(29) $5 \times 6 =$

(30) $7 \times 5 =$

(31) $0 \times 8 =$

(32) $9 \times 0 =$

(33) $2 \times 9 =$

(34) $8 \times 8 =$

(35) $4 \times 6 =$

(36) $7 \times 2 =$

(37) $5 \times 4 =$

(38) $6 \times 7 =$

(39) $9 \times 3 =$

(40) $1 \times 8 =$

(41) $3 \times 0 =$

(42) $9 \times 6 =$

연산 UP 5

● 빈칸에 알맞은 수를 써넣으시오.

(1)

×	1	2	3	4	5	6	7	8	9
2									
6									
7									
5									
1									
8									
4									
3									
9									

(2)

×	2	6	5	8	1	3	4	7	9
0									
3									
7									
4									
2									
5									
8									
9									
6									

● 빈칸에 알맞은 수를 써넣으시오.

(1)

×	2	3
1		
3		

(4)

×	1	2
0		
6		

(2)

×	1	4
2		
4		

(5)

×	5	7
2		
3		

(3)

×	4	6
3		
6		

(6)

×	5	6
1		
5		

(7)

×	8	9
2		
3		

(10)

×	4	9
5		
6		

(8)

×	3	9
4		
9		

(11)

×	6	7
7		
8		

(9)

×	4	9
2		
4		

(12)

×	7	8
4		
9		

● 빈 곳에 알맞은 수를 써넣으시오.

(1)

× →		
4	5	
2	3	

(4)

× →		
2	4	
3	9	

(2)

× →		
1	0	
9	7	

(5)

× →		
9	2	
9	8	

(3)

× →		
7	1	
8	9	

(6)

× →		
3	7	
2	3	

(7)

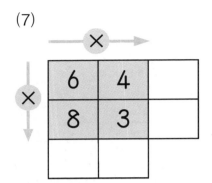

(10)

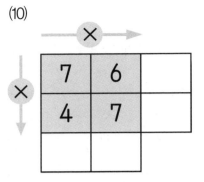

(8)

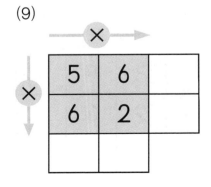

(11)

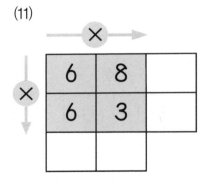

(9)

(12)

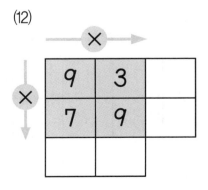

● 빈 곳에 알맞은 수를 써넣으시오.

(1)

	×	
2	3	
4	8	

(4)

	×	
5	1	
3	9	

(2)

	×	
3	6	
9	2	

(5)

	×	
9	4	
2	3	

(3)

	×	
2	8	
7	9	

(6)

	×	
6	5	
7	1	

(7)

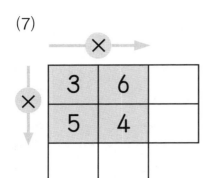

×		
3	6	
5	4	

(10)

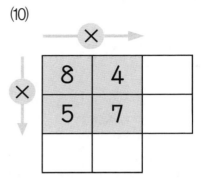

×		
8	4	
5	7	

(8)

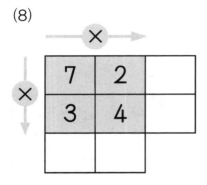

×		
7	2	
3	4	

(11)

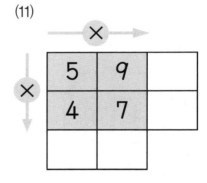

×		
5	9	
4	7	

(9)

×		
4	8	
1	6	

(12)

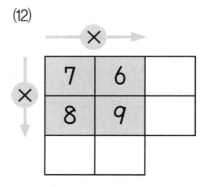

×		
7	6	
8	9	

● 다음을 읽고 물음에 답하시오.

(1) 바구니에 사과가 **3**개씩 담겨 있습니다. 바구니 **4**개에 담겨 있는 사과는 모두 몇 개입니까?

(   )

(2) 농구 경기를 한 팀에 **5**명씩 **2**팀이 하고 있습니다. 농구 경기를 하고 있는 선수는 모두 몇 명입니까?

(   )

(3) 피자 가게에서 한 번에 **4**판의 피자를 구울 수 있습니다. **5**번을 구우면 피자는 모두 몇 판을 구울 수 있습니까?

(   )

(4) 혜수는 초콜릿을 한 상자에 **6**개씩 담았습니다. **4**상자에 담은 초콜릿은 모두 몇 개입니까?

(   )

(5) 동화책이 책꽂이 한 칸에 **8**권씩 꽂혀 있습니다. 책꽂이 **7** 칸에 꽂혀 있는 동화책은 모두 몇 권입니까?

(   )

(6) 승합차 한 대에는 **9**명이 탈 수 있습니다. 승합차 **7**대에 는 모두 몇 명이 탈 수 있습니까?

(   )

● 다음을 읽고 물음에 답하시오.

(1) 성민이는 수학 문제를 매일 **5**문제씩 풉니다. 성민이가 **6**
   일 동안 푼 수학 문제는 모두 몇 문제입니까?

                                        (   )

(2) 생선 가게에서 낙지를 한 상자에 **4**마리씩 담아서 팔고
   있습니다. **7**상자 안에 들어 있는 낙지는 모두 몇 마리입
   니까?

                                        (   )

(3) 운동장에 어린이가 **6**명씩 **9**줄로 서 있습니다. 운동장에
   서 있는 어린이는 몇 명입니까?

                                        (   )

(4) 꽃다발 한 개에 꽃이 **6**송이씩 묶여 있습니다. 꽃다발 **3** 개에 묶여 있는 꽃은 모두 몇 송이입니까?

(   )

(5) 교실에 책상을 **8**개씩 **4**줄로 놓았습니다. 책상은 모두 몇 개입니까?

(   )

(6) 팔찌 한 개를 만드는 데 구슬 **9**개가 필요합니다. 팔찌 **6** 개를 만들려면 필요한 구슬은 모두 몇 개입니까?

(   )

정 답

1	2	3	4	5		6	
(1) 1, 5	(6) 6, 30	(1) 5	(10) 20	(1) 15, 20		(15) 5, 15, 25	
(2) 2, 10	(7) 7, 35	(2) 10	(11) 35	(2) 20, 25, 35		(16) 15, 25, 35	
(3) 3, 15	(8) 8, 40	(3) 15	(12) 25	(3) 15, 35, 40		(17) 25, 30, 35	
(4) 4, 20	(9) 9, 45	(4) 20	(13) 45	(4) 25, 35, 45		(18) 20, 25, 45	
(5) 5, 25		(5) 25	(14) 10	(5) 5	(10) 30	(19) 45	(24) 20
		(6) 30	(15) 30	(6) 10	(11) 35	(20) 40	(25) 15
		(7) 35	(16) 15	(7) 15	(12) 40	(21) 35	(26) 10
		(8) 40	(17) 40	(8) 20	(13) 45	(22) 30	(27) 5
		(9) 45	(18) 5	(9) 25	(14) 50	(23) 25	(28) 0

7		8		9		10	
(1) 5, 20, 25		(15) 25, 35, 40		(1) 15, 20, 30		(15) 5, 20, 30	
(2) 15, 25, 30		(16) 20, 25, 40		(2) 10, 25, 30		(16) 15, 20, 30	
(3) 20, 30, 40		(17) 20, 35, 45		(3) 20, 25, 35		(17) 20, 30, 35	
(4) 20, 30, 40		(18) 30, 35, 40		(4) 25, 40, 45		(18) 20, 30, 45	
(5) 10	(10) 0	(19) 20	(24) 10	(5) 5	(10) 30	(19) 30	(24) 15
(6) 15	(11) 35	(20) 25	(25) 15	(6) 20	(11) 15	(20) 25	(25) 35
(7) 5	(12) 40	(21) 30	(26) 40	(7) 35	(12) 40	(21) 5	(26) 50
(8) 20	(13) 45	(22) 35	(27) 45	(8) 10	(13) 25	(22) 45	(27) 20
(9) 25	(14) 30	(23) 5	(28) 50	(9) 45	(14) 0	(23) 10	(28) 40

ME01

11		12		13		14	
(1) 5	(6) 30	(11) 45	(17) 15	(1) 15	(6) 35	(11) 20	(17) 40
(2) 10	(7) 35	(12) 40	(18) 10	(2) 5	(7) 20	(12) 0	(18) 10
(3) 15	(8) 40	(13) 35	(19) 5	(3) 40	(8) 50	(13) 25	(19) 35
(4) 20	(9) 45	(14) 30	(20) 0	(4) 10	(9) 25	(14) 15	(20) 30
(5) 25	(10) 50	(15) 25	(21) 50	(5) 45	(10) 30	(15) 45	(21) 5
		(16) 20				(16) 50	

ME01

15		16		17	18	19	20
(1) 20	(9) 10	(17) 15	(26) 10	(1) 1, 2	(6) 6, 12	(1) 2	(10) 4
(2) 15	(10) 40	(18) 35	(27) 20	(2) 2, 4	(7) 7, 14	(2) 4	(11) 12
(3) 35	(11) 0	(19) 30	(28) 40	(3) 3, 6	(8) 8, 16	(3) 6	(12) 18
(4) 5	(12) 30	(20) 40	(29) 0	(4) 4, 8	(9) 9, 18	(4) 8	(13) 6
(5) 40	(13) 35	(21) 10	(30) 30	(5) 5, 10		(5) 10	(14) 16
(6) 10	(14) 15	(22) 45	(31) 35			(6) 12	(15) 10
(7) 45	(15) 50	(23) 20	(32) 15			(7) 14	(16) 2
(8) 25	(16) 20	(24) 25	(33) 45			(8) 16	(17) 8
		(25) 50	(34) 5			(9) 18	(18) 14

5.

×	1	2	3	4	5	6	7	8	9
5	5	10	15	20	25	30	35	40	45

6.

×	9	8	7	6	5	4	3	2	1
5	45	40	35	30	25	20	15	10	5

21	22	23	24
(1) 6, 8	(15) 4, 6, 10	(1) 4, 6, 8	(15) 8, 12, 14
(2) 4, 10, 14	(16) 6, 10, 14	(2) 6, 10, 12	(16) 6, 12, 16
(3) 8, 14, 16	(17) 8, 12, 14	(3) 6, 10, 16	(17) 10, 14, 16
(4) 10, 12, 16	(18) 8, 12, 18	(4) 8, 12, 14	(18) 12, 14, 18
(5) 2 (10) 12	(19) 18 (24) 8	(5) 2 (10) 14	(19) 6 (24) 18
(6) 4 (11) 14	(20) 16 (25) 6	(6) 4 (11) 12	(20) 8 (25) 20
(7) 6 (12) 16	(21) 14 (26) 4	(7) 8 (12) 16	(21) 4 (26) 2
(8) 8 (13) 18	(22) 12 (27) 2	(8) 10 (13) 18	(22) 14 (27) 12
(9) 10 (14) 20	(23) 10 (28) 0	(9) 6 (14) 0	(23) 16 (28) 10

25	26	27	28
(1) 4, 8, 12	(15) 2, 6, 12	(1) 2 (6) 12	(11) 18 (17) 6
(2) 4, 8, 12	(16) 10, 12, 14	(2) 4 (7) 14	(12) 16 (18) 4
(3) 6, 12, 14	(17) 6, 8, 16	(3) 6 (8) 16	(13) 14 (19) 2
(4) 10, 12, 18	(18) 12, 14, 16	(4) 8 (9) 18	(14) 12 (20) 0
(5) 8 (10) 10	(19) 8 (24) 6	(5) 10 (10) 20	(15) 10 (21) 14
(6) 14 (11) 2	(20) 14 (25) 20		(16) 8
(7) 0 (12) 16	(21) 4 (26) 10		
(8) 6 (13) 12	(22) 2 (27) 12		
(9) 4 (14) 18	(23) 18 (28) 16		

29		30		31		32	
(1) 12	(6) 10	(11) 2	(17) 0	(1) 10	(9) 18	(17) 6	(26) 14
(2) 4	(7) 20	(12) 12	(18) 14	(2) 14	(10) 2	(18) 10	(27) 8
(3) 14	(8) 8	(13) 16	(19) 6	(3) 4	(11) 6	(19) 4	(28) 2
(4) 2	(9) 16	(14) 4	(20) 18	(4) 8	(12) 12	(20) 12	(29) 16
(5) 16	(10) 6	(15) 18	(21) 20	(5) 2	(13) 14	(21) 2	(30) 18
		(16) 10		(6) 16	(14) 20	(22) 18	(31) 10
				(7) 6	(15) 4	(23) 8	(32) 6
				(8) 0	(16) 16	(24) 20	(33) 0
						(25) 16	(34) 12

31.

×	1	2	3	4	5	6	7	8	9
2	2	4	6	8	10	12	14	16	18

32.

×	9	8	7	6	5	4	3	2	1
2	18	16	14	12	10	8	6	4	2

33		34		35		36	
(1) 5	(11) 2	(21) 15	(32) 12	(1) 2	(11) 8	(21) 6	(32) 4
(2) 10	(12) 4	(22) 20	(33) 2	(2) 25	(12) 30	(22) 5	(33) 10
(3) 15	(13) 6	(23) 5	(34) 4	(3) 6	(13) 4	(23) 8	(34) 2
(4) 20	(14) 8	(24) 35	(35) 14	(4) 10	(14) 35	(24) 10	(35) 30
(5) 25	(15) 10	(25) 10	(36) 0	(5) 45	(15) 10	(25) 35	(36) 12
(6) 30	(16) 12	(26) 0	(37) 18	(6) 12	(16) 15	(26) 16	(37) 40
(7) 35	(17) 14	(27) 50	(38) 10	(7) 20	(17) 0	(27) 15	(38) 0
(8) 40	(18) 16	(28) 25	(39) 8	(8) 14	(18) 16	(28) 20	(39) 14
(9) 45	(19) 18	(29) 45	(40) 16	(9) 0	(19) 5	(29) 50	(40) 20
(10) 50	(20) 20	(30) 30	(41) 20	(10) 40	(20) 18	(30) 0	(41) 18
		(31) 40	(42) 6			(31) 25	(42) 45

37		38		39		40	
(1) 10	(11) 2	(21) 10	(32) 5	(1) 15	(8) 35	(15) 2	(23) 50
(2) 35	(12) 5	(22) 0	(33) 15	(2) 10	(9) 20	(16) 5	(24) 45
(3) 12	(13) 14	(23) 6	(34) 4	(3) 12	(10) 4	(17) 6	(25) 20
(4) 30	(14) 40	(24) 20	(35) 8	(4) 10	(11) 25	(18) 14	(26) 20
(5) 25	(15) 20	(25) 2	(36) 25	(5) 16	(12) 8	(19) 30	(27) 10
(6) 0	(16) 4	(26) 12	(37) 20	(6) 0	(13) 40	(20) 18	(28) 8
(7) 6	(17) 15	(27) 50	(38) 0	(7) 6	(14) 14	(21) 35	(29) 16
(8) 45	(18) 10	(28) 30	(39) 18			(22) 12	(30) 40
(9) 18	(19) 8	(29) 16	(40) 40				
(10) 20	(20) 16	(30) 10	(41) 45				
		(31) 14	(42) 35				

39.

×	1	2	3	4	5	6	7	8	9
5	5	10	15	20	25	30	35	40	45
2	2	4	6	8	10	12	14	16	18

40.

×	9	8	7	6	5	4	3	2	1
5	45	40	35	30	25	20	15	10	5
2	18	16	14	12	10	8	6	4	2

1	2	3	4	5	6
(1) 1, 4	(6) 6, 24	(1) 4	(10) 20	(1) 12, 16	(15) 8, 16, 20
(2) 2, 8	(7) 7, 28	(2) 8	(11) 8	(2) 8, 16, 24	(16) 12, 16, 24
(3) 3, 12	(8) 8, 32	(3) 12	(12) 12	(3) 12, 16, 20	(17) 12, 24, 32
(4) 4, 16	(9) 9, 36	(4) 16	(13) 32	(4) 20, 32, 36	(18) 20, 24, 32
(5) 5, 20		(5) 20	(14) 36	(5) 4 (10) 24	(19) 36 (24) 16
		(6) 24	(15) 28	(6) 8 (11) 28	(20) 32 (25) 12
		(7) 28	(16) 4	(7) 12 (12) 32	(21) 28 (26) 8
		(8) 32	(17) 24	(8) 16 (13) 36	(22) 24 (27) 4
		(9) 36	(18) 16	(9) 20 (14) 40	(23) 20 (28) 0

7		8		9		10	
(1) 4, 12, 24		(15) 8, 24, 28		(1) 8, 12, 20		(15) 4, 16, 24	
(2) 12, 20, 24		(16) 16, 20, 32		(2) 8, 20, 28		(16) 12, 16, 24	
(3) 16, 24, 28		(17) 16, 24, 36		(3) 16, 20, 28		(17) 16, 24, 32	
(4) 24, 28, 36		(18) 24, 32, 36		(4) 16, 28, 36		(18) 16, 24, 32	
(5) 8	(10) 0	(19) 16	(24) 8	(5) 28	(10) 32	(19) 16	(24) 4
(6) 12	(11) 28	(20) 20	(25) 12	(6) 20	(11) 24	(20) 12	(25) 28
(7) 4	(12) 32	(21) 24	(26) 28	(7) 4	(12) 8	(21) 24	(26) 36
(8) 16	(13) 36	(22) 40	(27) 32	(8) 36	(13) 0	(22) 8	(27) 40
(9) 20	(14) 24	(23) 4	(28) 36	(9) 16	(14) 12	(23) 20	(28) 32

11		12		13		14	
(1) 4	(6) 24	(11) 36	(17) 12	(1) 24	(6) 32	(11) 20	(17) 0
(2) 8	(7) 28	(12) 32	(18) 8	(2) 4	(7) 36	(12) 8	(18) 16
(3) 12	(8) 32	(13) 28	(19) 4	(3) 8	(8) 28	(13) 24	(19) 40
(4) 16	(9) 36	(14) 24	(20) 0	(4) 12	(9) 40	(14) 32	(20) 36
(5) 20	(10) 40	(15) 20	(21) 40	(5) 16	(10) 20	(15) 4	(21) 12
		(16) 16				(16) 28	

15		16		17	18	19	20
(1) 8	(9) 28	(17) 0	(26) 28	(1) 1, 8	(6) 6, 48	(1) 8	(10) 24
(2) 16	(10) 12	(18) 8	(27) 12	(2) 2, 16	(7) 7, 56	(2) 16	(11) 64
(3) 40	(11) 36	(19) 20	(28) 24	(3) 3, 24	(8) 8, 64	(3) 24	(12) 32
(4) 4	(12) 0	(20) 24	(29) 32	(4) 4, 32	(9) 9, 72	(4) 32	(13) 72
(5) 12	(13) 24	(21) 28	(30) 8	(5) 5, 40		(5) 40	(14) 40
(6) 28	(14) 32	(22) 32	(31) 16			(6) 48	(15) 8
(7) 36	(15) 4	(23) 4	(32) 36			(7) 56	(16) 48
(8) 20	(16) 8	(24) 36	(33) 20			(8) 64	(17) 16
		(25) 12	(34) 40			(9) 72	(18) 56

15.

×	1	2	3	4	5	6	7	8	9
4	4	8	12	16	20	24	28	32	36

16.

×	9	8	7	6	5	4	3	2	1
4	36	32	28	24	20	16	12	8	4

21	22	23	24
(1) 16, 24	(15) 8, 24, 40	(1) 16, 24, 48	(15) 24, 40, 56
(2) 16, 40, 56	(16) 24, 32, 56	(2) 16, 40, 48	(16) 32, 56, 64
(3) 32, 40, 64	(17) 24, 48, 56	(3) 32, 40, 56	(17) 32, 48, 56
(4) 32, 56, 64	(18) 40, 48, 72	(4) 32, 56, 72	(18) 48, 56, 72
(5) 8 (10) 48	(19) 72 (24) 32	(5) 8 (10) 56	(19) 24 (24) 72
(6) 16 (11) 56	(20) 64 (25) 24	(6) 16 (11) 48	(20) 32 (25) 80
(7) 24 (12) 64	(21) 56 (26) 16	(7) 32 (12) 64	(21) 16 (26) 8
(8) 32 (13) 72	(22) 48 (27) 8	(8) 40 (13) 72	(22) 56 (27) 48
(9) 40 (14) 80	(23) 40 (28) 0	(9) 24 (14) 0	(23) 64 (28) 40

25	26	27	28
(1) 8, 32, 40	(15) 16, 32, 40	(1) 8 (6) 48	(11) 72 (17) 24
(2) 24, 32, 40	(16) 16, 32, 40	(2) 16 (7) 56	(12) 64 (18) 16
(3) 24, 56, 64	(17) 40, 48, 56	(3) 24 (8) 64	(13) 56 (19) 8
(4) 40, 48, 72	(18) 32, 40, 64	(4) 32 (9) 72	(14) 48 (20) 0
(5) 32 (10) 24	(19) 56 (24) 40	(5) 40 (10) 80	(15) 40 (21) 80
(6) 8 (11) 48	(20) 24 (25) 72		(16) 32
(7) 0 (12) 64	(21) 64 (26) 8		
(8) 72 (13) 40	(22) 32 (27) 16		
(9) 16 (14) 56	(23) 80 (28) 48		

29

(1) 8 (6) 32
(2) 16 (7) 80
(3) 40 (8) 56
(4) 72 (9) 48
(5) 24 (10) 64

30

(11) 48 (17) 16
(12) 40 (18) 32
(13) 8 (19) 72
(14) 0 (20) 24
(15) 56 (21) 80
(16) 64

31

(1) 40 (9) 80
(2) 32 (10) 24
(3) 8 (11) 40
(4) 48 (12) 64
(5) 16 (13) 0
(6) 56 (14) 8
(7) 24 (15) 32
(8) 72 (16) 16

32

(17) 40 (26) 56
(18) 8 (27) 32
(19) 48 (28) 40
(20) 32 (29) 24
(21) 80 (30) 0
(22) 56 (31) 16
(23) 64 (32) 72
(24) 24 (33) 8
(25) 72 (34) 48

31.

×	1	2	3	4	5	6	7	8	9
8	8	16	24	32	40	48	56	64	72

32.

×	9	8	7	6	5	4	3	2	1
8	72	64	56	48	40	32	24	16	8

33

(1) 4 (11) 8
(2) 8 (12) 16
(3) 12 (13) 24
(4) 16 (14) 32
(5) 20 (15) 40
(6) 24 (16) 48
(7) 28 (17) 56
(8) 32 (18) 64
(9) 36 (19) 72
(10) 40 (20) 80

34

(21) 4 (32) 16
(22) 20 (33) 48
(23) 16 (34) 72
(24) 0 (35) 8
(25) 28 (36) 40
(26) 40 (37) 80
(27) 8 (38) 0
(28) 32 (39) 24
(29) 12 (40) 56
(30) 36 (41) 32
(31) 24 (42) 64

35

(1) 24 (11) 36
(2) 40 (12) 8
(3) 28 (13) 12
(4) 80 (14) 32
(5) 4 (15) 24
(6) 56 (16) 64
(7) 16 (17) 8
(8) 32 (18) 48
(9) 40 (19) 20
(10) 16 (20) 72

36

(21) 16 (32) 8
(22) 0 (33) 20
(23) 16 (34) 40
(24) 0 (35) 64
(25) 56 (36) 4
(26) 32 (37) 36
(27) 72 (38) 24
(28) 48 (39) 12
(29) 8 (40) 80
(30) 32 (41) 40
(31) 24 (42) 28

37		38		39		40	
(1) 12	(11) 16	(21) 8	(32) 48	(1) 32	(8) 56	(15) 28	(23) 40
(2) 64	(12) 8	(22) 4	(33) 72	(2) 8	(9) 24	(16) 8	(24) 72
(3) 32	(13) 24	(23) 8	(34) 0	(3) 4	(10) 32	(17) 40	(25) 20
(4) 0	(14) 4	(24) 64	(35) 28	(4) 28	(11) 16	(18) 12	(26) 48
(5) 16	(15) 36	(25) 16	(36) 12	(5) 24	(12) 36	(19) 56	(27) 64
(6) 72	(16) 56	(26) 0	(37) 24	(6) 48	(13) 12	(20) 16	(28) 8
(7) 8	(17) 40	(27) 32	(38) 36	(7) 8	(14) 40	(21) 80	(29) 32
(8) 28	(18) 48	(28) 16	(39) 20			(22) 32	(30) 36
(9) 32	(19) 24	(29) 56	(40) 32				
(10) 20	(20) 80	(30) 40	(41) 40				
		(31) 24	(42) 80				

39.

×	1	2	3	4	5	6	7	8	9
4	4	8	12	16	20	24	28	32	36
8	8	16	24	32	40	48	56	64	72

40.

×	9	8	7	6	5	4	3	2	1
4	36	32	28	24	20	16	12	8	4
8	72	64	56	48	40	32	24	16	8

1	2	3	4	5		6	
(1) 1, 3	(6) 6, 18	(1) 3	(10) 12	(1) 6, 15		(15) 3, 9, 15	
(2) 2, 6	(7) 7, 21	(2) 6	(11) 18	(2) 12, 18, 21		(16) 9, 15, 21	
(3) 3, 9	(8) 8, 24	(3) 9	(12) 27	(3) 9, 18, 24		(17) 12, 18, 24	
(4) 4, 12	(9) 9, 27	(4) 12	(13) 6	(4) 15, 18, 21		(18) 12, 18, 24	
(5) 5, 15		(5) 15	(14) 24	(5) 3	(10) 18	(19) 27	(24) 12
		(6) 18	(15) 3	(6) 6	(11) 21	(20) 24	(25) 9
		(7) 21	(16) 15	(7) 9	(12) 24	(21) 21	(26) 6
		(8) 24	(17) 21	(8) 12	(13) 27	(22) 18	(27) 3
		(9) 27	(18) 9	(9) 15	(14) 30	(23) 15	(28) 0

7		8		9		10	
(1) 6, 12, 18		(15) 6, 15, 21		(1) 3, 9, 12		(15) 6, 15, 18	
(2) 9, 12, 18		(16) 12, 15, 21		(2) 9, 15, 18		(16) 6, 12, 15	
(3) 15, 18, 24		(17) 15, 24, 27		(3) 12, 15, 24		(17) 9, 18, 21	
(4) 12, 21, 24		(18) 15, 21, 24		(4) 18, 21, 24		(18) 15, 18, 27	
(5) 6	(10) 0	(19) 12	(24) 6	(5) 12	(10) 21	(19) 12	(24) 24
(6) 9	(11) 21	(20) 15	(25) 9	(6) 0	(11) 9	(20) 18	(25) 9
(7) 3	(12) 24	(21) 18	(26) 24	(7) 18	(12) 15	(21) 3	(26) 6
(8) 12	(13) 27	(22) 30	(27) 27	(8) 3	(13) 6	(22) 27	(27) 21
(9) 15	(14) 18	(23) 3	(28) 21	(9) 24	(14) 27	(23) 15	(28) 30

	11		12			13			14	
(1) 3	(6) 18	(11) 27	(17) 9		(1) 9	(6) 6		(11) 3	(17) 27	
(2) 6	(7) 21	(12) 24	(18) 6		(2) 15	(7) 18		(12) 18	(18) 9	
(3) 9	(8) 24	(13) 21	(19) 3		(3) 21	(8) 12		(13) 24	(19) 30	
(4) 12	(9) 27	(14) 18	(20) 0		(4) 3	(9) 27		(14) 6	(20) 12	
(5) 15	(10) 30	(15) 15	(21) 30		(5) 24	(10) 30		(15) 21	(21) 15	
		(16) 12						(16) 0		

	15		16		17	18	19	20
(1) 9	(9) 12	(17) 15	(26) 12	(1) 1, 6	(6) 6, 36	(1) 6	(10) 48
(2) 6	(10) 18	(18) 12	(27) 3	(2) 2, 12	(7) 7, 42	(2) 12	(11) 6
(3) 21	(11) 24	(19) 27	(28) 0	(3) 3, 18	(8) 8, 48	(3) 18	(12) 30
(4) 3	(12) 6	(20) 9	(29) 6	(4) 4, 24	(9) 9, 54	(4) 24	(13) 42
(5) 15	(13) 27	(21) 18	(30) 15	(5) 5, 30		(5) 30	(14) 24
(6) 30	(14) 9	(22) 24	(31) 21			(6) 36	(15) 54
(7) 27	(15) 21	(23) 21	(32) 27			(7) 42	(16) 12
(8) 24	(16) 15	(24) 3	(33) 18			(8) 48	(17) 36
		(25) 30	(34) 24			(9) 54	(18) 18

5.

×	1	2	3	4	5	6	7	8	9
3	3	6	9	12	15	18	21	24	27

6.

×	9	8	7	6	5	4	3	2	1
3	27	24	21	18	15	12	9	6	3

ME03

21	22	23	24
(1) 24, 36	(15) 6, 18, 30	(1) 6, 18, 24	(15) 12, 30, 42
(2) 18, 36, 42	(16) 18, 24, 30	(2) 18, 30, 42	(16) 30, 36, 42
(3) 18, 30, 36	(17) 24, 36, 48	(3) 24, 30, 48	(17) 30, 36, 48
(4) 24, 36, 48	(18) 30, 42, 48	(4) 24, 42, 48	(18) 36, 48, 60

21		22		23		24	
(5) 6	(10) 36	(19) 54	(24) 24	(5) 0	(10) 18	(19) 18	(24) 54
(6) 12	(11) 42	(20) 48	(25) 18	(6) 6	(11) 42	(20) 24	(25) 60
(7) 18	(12) 48	(21) 42	(26) 12	(7) 12	(12) 36	(21) 12	(26) 6
(8) 24	(13) 54	(22) 36	(27) 6	(8) 24	(13) 48	(22) 42	(27) 36
(9) 30	(14) 60	(23) 30	(28) 0	(9) 30	(14) 54	(23) 48	(28) 30

ME03

25	26	27	28
(1) 6, 24, 36	(15) 18, 30, 36		
(2) 18, 24, 36	(16) 12, 30, 42		
(3) 24, 42, 48	(17) 24, 30, 42		
(4) 36, 42, 48	(18) 24, 42, 54		

27		28	
(1) 6	(6) 36	(11) 54	(17) 18
(2) 12	(7) 42	(12) 48	(18) 12
(3) 18	(8) 48	(13) 42	(19) 6
(4) 24	(9) 54	(14) 36	(20) 0
(5) 30	(10) 60	(15) 30	(21) 60
		(16) 24	

25		26	
(5) 24	(10) 42	(19) 18	(24) 36
(6) 6	(11) 18	(20) 54	(25) 24
(7) 54	(12) 0	(21) 6	(26) 48
(8) 12	(13) 30	(22) 42	(27) 30
(9) 36	(14) 48	(23) 12	(28) 60

29		30		31		32	
(1) 12	(6) 42	(11) 18	(17) 42	(1) 30	(9) 36	(17) 30	(26) 36
(2) 54	(7) 30	(12) 30	(18) 60	(2) 24	(10) 42	(18) 54	(27) 0
(3) 24	(8) 36	(13) 0	(19) 36	(3) 54	(11) 12	(19) 36	(28) 24
(4) 48	(9) 54	(14) 48	(20) 12	(4) 18	(12) 60	(20) 6	(29) 12
(5) 6	(10) 18	(15) 24	(21) 54	(5) 48	(13) 48	(21) 42	(30) 54
		(16) 6		(6) 6	(14) 24	(22) 12	(31) 18
				(7) 0	(15) 18	(23) 48	(32) 42
				(8) 12	(16) 54	(24) 18	(33) 30
						(25) 60	(34) 48

1.

×	1	2	3	4	5	6	7	8	9
6	6	12	18	24	30	36	42	48	54

2.

×	9	8	7	6	5	4	3	2	1
6	54	48	42	36	30	24	18	12	6

33		34		35		36	
(1) 3	(11) 6	(21) 12	(32) 30	(1) 15	(11) 6	(21) 15	(32) 21
(2) 6	(12) 12	(22) 6	(33) 12	(2) 42	(12) 12	(22) 12	(33) 48
(3) 9	(13) 18	(23) 24	(34) 0	(3) 18	(13) 12	(23) 18	(34) 60
(4) 12	(14) 24	(24) 3	(35) 36	(4) 48	(14) 21	(24) 18	(35) 6
(5) 15	(15) 30	(25) 21	(36) 6	(5) 3	(15) 30	(25) 30	(36) 24
(6) 18	(16) 36	(26) 0	(37) 42	(6) 18	(16) 0	(26) 42	(37) 0
(7) 21	(17) 42	(27) 18	(38) 18	(7) 54	(17) 9	(27) 3	(38) 24
(8) 24	(18) 48	(28) 27	(39) 54	(8) 6	(18) 24	(28) 54	(39) 9
(9) 27	(19) 54	(29) 9	(40) 48	(9) 27	(19) 36	(29) 6	(40) 30
(10) 30	(20) 60	(30) 15	(41) 60	(10) 24	(20) 30	(30) 27	(41) 12
		(31) 30	(42) 24			(31) 36	(42) 0

ME03

37		38		39		40	
(1) 6	(11) 27	(21) 6	(32) 30	(1) 6	(8) 15	(15) 21	(23) 18
(2) 12	(12) 48	(22) 24	(33) 12	(2) 6	(9) 42	(16) 24	(24) 30
(3) 12	(13) 54	(23) 6	(34) 42	(3) 27	(10) 0	(17) 48	(25) 36
(4) 30	(14) 6	(24) 18	(35) 48	(4) 3	(11) 9	(18) 60	(26) 12
(5) 30	(15) 21	(25) 9	(36) 12	(5) 18	(12) 12	(19) 18	(27) 12
(6) 3	(16) 36	(26) 18	(37) 54	(6) 21	(13) 24	(20) 9	(28) 0
(7) 9	(17) 15	(27) 30	(38) 15	(7) 24	(14) 30	(21) 24	(29) 30
(8) 24	(18) 18	(28) 60	(39) 0			(22) 6	(30) 54
(9) 24	(19) 18	(29) 21	(40) 0				
(10) 42	(20) 0	(30) 3	(41) 24				
		(31) 36	(42) 27				

39.

×	1	2	3	4	5	6	7	8	9
3	3	6	9	12	15	18	21	24	27
6	6	12	18	24	30	36	42	48	54

40.

×	9	8	7	6	5	4	3	2	1
3	27	24	21	18	15	12	9	6	3
6	54	48	42	36	30	24	18	12	6

ME04

1	2	3	4	5		6	
(1) 1, 9	(6) 6, 54	(1) 9	(10) 36	(1) 27, 45		(15) 9, 36, 54	
(2) 2, 18	(7) 7, 63	(2) 18	(11) 54	(2) 36, 54, 63		(16) 27, 36, 45	
(3) 3, 27	(8) 8, 72	(3) 27	(12) 9	(3) 27, 36, 54		(17) 36, 45, 63	
(4) 4, 36	(9) 9, 81	(4) 36	(13) 72	(4) 45, 63, 81		(18) 45, 72, 81	
(5) 5, 45		(5) 45	(14) 45	(5) 9	(10) 54	(19) 81	(24) 36
		(6) 54	(15) 27	(6) 18	(11) 63	(20) 72	(25) 27
		(7) 63	(16) 81	(7) 27	(12) 72	(21) 63	(26) 18
		(8) 72	(17) 63	(8) 36	(13) 81	(22) 54	(27) 9
		(9) 81	(18) 18	(9) 45	(14) 90	(23) 45	(28) 0

7	8	9	10
(1) 27, 36, 45	(15) 18, 45, 63	(1) 18, 36, 54	(15) 27, 45, 54
(2) 18, 45, 54	(16) 45, 54, 72	(2) 18, 36, 63	(16) 27, 45, 54
(3) 36, 45, 72	(17) 45, 63, 72	(3) 45, 54, 63	(17) 36, 45, 54
(4) 36, 54, 72	(18) 54, 63, 81	(4) 36, 45, 72	(18) 36, 72, 81
(5) 18 (10) 9	(19) 36 (24) 27	(5) 18 (10) 54	(19) 27 (24) 54
(6) 27 (11) 63	(20) 45 (25) 63	(6) 45 (11) 0	(20) 81 (25) 36
(7) 0 (12) 72	(21) 54 (26) 72	(7) 63 (12) 27	(21) 9 (26) 63
(8) 36 (13) 81	(22) 9 (27) 81	(8) 9 (13) 36	(22) 45 (27) 72
(9) 45 (14) 54	(23) 18 (28) 90	(9) 72 (14) 81	(23) 18 (28) 90

11	12	13	14
(1) 9 (6) 54	(11) 81 (17) 27	(1) 36 (6) 90	(11) 18 (17) 63
(2) 18 (7) 63	(12) 72 (18) 18	(2) 27 (7) 72	(12) 36 (18) 45
(3) 27 (8) 72	(13) 63 (19) 9	(3) 45 (8) 18	(13) 0 (19) 90
(4) 36 (9) 81	(14) 54 (20) 0	(4) 63 (9) 9	(14) 54 (20) 81
(5) 45 (10) 90	(15) 45 (21) 90	(5) 81 (10) 54	(15) 27 (21) 72
	(16) 36		(16) 9

| | 15 | | 16 | 17 | 18 | 19 | 20 |

15

(1) 45	(9) 81
(2) 54	(10) 63
(3) 9	(11) 36
(4) 81	(12) 18
(5) 90	(13) 72
(6) 18	(14) 0
(7) 27	(15) 27
(8) 72	(16) 9

16

(17) 63	(26) 27
(18) 45	(27) 36
(19) 72	(28) 9
(20) 90	(29) 63
(21) 54	(30) 81
(22) 27	(31) 72
(23) 81	(32) 0
(24) 36	(33) 45
(25) 18	(34) 54

17

| (1) 1, 7 |
| (2) 2, 14 |
| (3) 3, 21 |
| (4) 4, 28 |
| (5) 5, 35 |

18

| (6) 6, 42 |
| (7) 7, 49 |
| (8) 8, 56 |
| (9) 9, 63 |

19

| (1) 7 |
| (2) 14 |
| (3) 21 |
| (4) 28 |
| (5) 35 |
| (6) 42 |
| (7) 49 |
| (8) 56 |
| (9) 63 |

20

| (10) 42 |
| (11) 21 |
| (12) 56 |
| (13) 7 |
| (14) 63 |
| (15) 28 |
| (16) 14 |
| (17) 35 |
| (18) 49 |

15.

×	1	2	3	4	5	6	7	8	9
9	9	18	27	36	45	54	63	72	81

16.

×	9	8	7	6	5	4	3	2	1
9	81	72	63	54	45	36	27	18	9

| 21 | 22 | 23 | 24 |

21

(1) 14, 28	
(2) 14, 42, 49	
(3) 28, 35, 56	
(4) 28, 42, 56	
(5) 7	(10) 42
(6) 14	(11) 49
(7) 21	(12) 56
(8) 28	(13) 63
(9) 35	(14) 70

22

(15) 7, 28, 35	
(16) 21, 28, 42	
(17) 28, 35, 42	
(18) 28, 49, 63	
(19) 63	(24) 28
(20) 56	(25) 21
(21) 49	(26) 14
(22) 42	(27) 7
(23) 35	(28) 0

23

(1) 14, 35, 42	
(2) 21, 28, 35	
(3) 21, 35, 42	
(4) 28, 56, 63	
(5) 0	(10) 21
(6) 7	(11) 49
(7) 14	(12) 42
(8) 28	(13) 56
(9) 35	(14) 63

24

(15) 14, 28, 49	
(16) 28, 42, 49	
(17) 28, 56, 63	
(18) 42, 49, 56	
(19) 21	(24) 63
(20) 28	(25) 70
(21) 14	(26) 7
(22) 49	(27) 42
(23) 56	(28) 35

25

(1) 7, 21, 35

(2) 21, 28, 49

(3) 21, 42, 49

(4) 35, 49, 63

(5) 49   (10) 35

(6) 21   (11) 7

(7) 63   (12) 0

(8) 14   (13) 28

(9) 42   (14) 56

26

(15) 21, 28, 42

(16) 21, 35, 42

(17) 35, 42, 56

(18) 28, 35, 56

(19) 14   (24) 42

(20) 35   (25) 21

(21) 7   (26) 56

(22) 63   (27) 28

(23) 49   (28) 70

27

(1) 7   (6) 42

(2) 14   (7) 49

(3) 21   (8) 56

(4) 28   (9) 63

(5) 35   (10) 70

28

(11) 63   (17) 21

(12) 56   (18) 14

(13) 49   (19) 7

(14) 42   (20) 0

(15) 35   (21) 10

(16) 28

29

(1) 7   (6) 35

(2) 56   (7) 42

(3) 14   (8) 28

(4) 63   (9) 49

(5) 70   (10) 21

30

(11) 0   (17) 70

(12) 7   (18) 21

(13) 42   (19) 63

(14) 56   (20) 28

(15) 14   (21) 35

(16) 49

31

(1) 42   (9) 49

(2) 35   (10) 7

(3) 63   (11) 0

(4) 70   (12) 35

(5) 28   (13) 14

(6) 21   (14) 56

(7) 56   (15) 42

(8) 14   (16) 21

32

(17) 14   (26) 42

(18) 35   (27) 28

(19) 63   (28) 49

(20) 70   (29) 0

(21) 21   (30) 14

(22) 49   (31) 56

(23) 56   (32) 21

(24) 28   (33) 63

(25) 7   (34) 35

1.

×	1	2	3	4	5	6	7	8	9
7	7	14	21	28	35	42	49	56	63

32.

×	9	8	7	6	5	4	3	2	1
7	63	56	49	42	35	28	21	14	7

33		34		35		36	
(1) 9	(11) 7	(21) 36	(32) 21	(1) 45	(11) 14	(21) 9	(32) 63
(2) 18	(12) 14	(22) 0	(33) 42	(2) 7	(12) 18	(22) 14	(33) 0
(3) 27	(13) 21	(23) 9	(34) 28	(3) 42	(13) 54	(23) 54	(34) 7
(4) 36	(14) 28	(24) 72	(35) 63	(4) 9	(14) 49	(24) 35	(35) 27
(5) 45	(15) 35	(25) 18	(36) 0	(5) 21	(15) 28	(25) 56	(36) 28
(6) 54	(16) 42	(26) 90	(37) 7	(6) 81	(16) 36	(26) 18	(37) 49
(7) 63	(17) 49	(27) 45	(38) 49	(7) 35	(17) 63	(27) 21	(38) 72
(8) 72	(18) 56	(28) 54	(39) 14	(8) 56	(18) 72	(28) 81	(39) 36
(9) 81	(19) 63	(29) 27	(40) 70	(9) 27	(19) 70	(29) 70	(40) 42
(10) 90	(20) 70	(30) 81	(41) 56	(10) 63	(20) 90	(30) 45	(41) 63
		(31) 63	(42) 35			(31) 0	(42) 90

37		38		39		40	
(1) 18	(11) 28	(21) 28	(32) 49	(1) 14	(8) 63	(15) 63	(23) 54
(2) 36	(12) 9	(22) 9	(33) 54	(2) 9	(9) 45	(16) 0	(24) 90
(3) 27	(13) 7	(23) 18	(34) 7	(3) 35	(10) 54	(17) 21	(25) 70
(4) 14	(14) 21	(24) 21	(35) 90	(4) 63	(11) 7	(18) 27	(26) 81
(5) 81	(15) 90	(25) 35	(36) 27	(5) 49	(12) 42	(19) 28	(27) 7
(6) 63	(16) 35	(26) 36	(37) 45	(6) 28	(13) 18	(20) 72	(28) 63
(7) 63	(17) 42	(27) 70	(38) 14	(7) 27	(14) 72	(21) 56	(29) 35
(8) 49	(18) 56	(28) 0	(39) 72			(22) 0	(30) 36
(9) 72	(19) 70	(29) 63	(40) 0				
(10) 54	(20) 45	(30) 56	(41) 63				
		(31) 81	(42) 42				

39.

×	1	2	3	4	5	6	7	8	9
9	9	18	27	36	45	54	63	72	81
7	7	14	21	28	35	42	49	56	63

40.

×	9	8	7	6	5	4	3	2
9	81	72	63	54	45	36	27	18
7	63	56	49	42	35	28	21	14

1		2		3		4	
(1) 6	(11) 32	(21) 28	(32) 12	(1) 18	(11) 49	(21) 14	(32) 0
(2) 15	(12) 6	(22) 24	(33) 42	(2) 0	(12) 36	(22) 16	(33) 18
(3) 8	(13) 14	(23) 30	(34) 5	(3) 15	(13) 25	(23) 7	(34) 64
(4) 40	(14) 6	(24) 3	(35) 16	(4) 4	(14) 24	(24) 27	(35) 24
(5) 0	(15) 21	(25) 10	(36) 9	(5) 28	(15) 40	(25) 18	(36) 14
(6) 63	(16) 36	(26) 56	(37) 54	(6) 48	(16) 12	(26) 16	(37) 20
(7) 48	(17) 30	(27) 16	(38) 35	(7) 9	(17) 8	(27) 6	(38) 42
(8) 45	(18) 21	(28) 0	(39) 18	(8) 20	(18) 24	(28) 72	(39) 27
(9) 2	(19) 72	(29) 10	(40) 12	(9) 56	(19) 63	(29) 30	(40) 8
(10) 4	(20) 36	(30) 81	(41) 32	(10) 45	(20) 0	(30) 35	(41) 0
		(31) 12	(42) 7			(31) 0	(42) 54

5

(1)

×	1	2	3	4	5	6	7	8	9
2	2	4	6	8	10	12	14	16	18
6	6	12	18	24	30	36	42	48	54
7	7	14	21	28	35	42	49	56	63
5	5	10	15	20	25	30	35	40	45
1	1	2	3	4	5	6	7	8	9
8	8	16	24	32	40	48	56	64	72
4	4	8	12	16	20	24	28	32	36
3	3	6	9	12	15	18	21	24	27
9	9	18	27	36	45	54	63	72	81

(2)

×	2	6	5	8	1	3	4	7	9
0	0	0	0	0	0	0	0	0	0
3	6	18	15	24	3	9	12	21	27
7	14	42	35	56	7	21	28	49	63
4	8	24	20	32	4	12	16	28	36
2	4	12	10	16	2	6	8	14	18
5	10	30	25	40	5	15	20	35	45
8	16	48	40	64	8	24	32	56	72
9	18	54	45	72	9	27	36	63	81
6	12	36	30	48	6	18	24	42	54

6

7

(1)

×	2	3
1	2	3
3	6	9

(2)

×	1	4
2	2	8
4	4	16

(3)

×	4	6
3	12	18
6	24	36

(4)

×	1	2
0	0	0
6	6	12

(5)

×	5	7
2	10	14
3	15	21

(6)

×	5	6
1	5	6
5	25	30

8

(7)

×	8	9
2	16	18
3	24	27

(8)

×	3	9
4	12	36
9	27	81

(9)

×	4	9
2	8	18
4	16	36

(10)

×	4	9
5	20	45
6	24	54

(11)

×	6	7
7	42	49
8	48	56

(12)

×	7	8
4	28	32
9	63	72

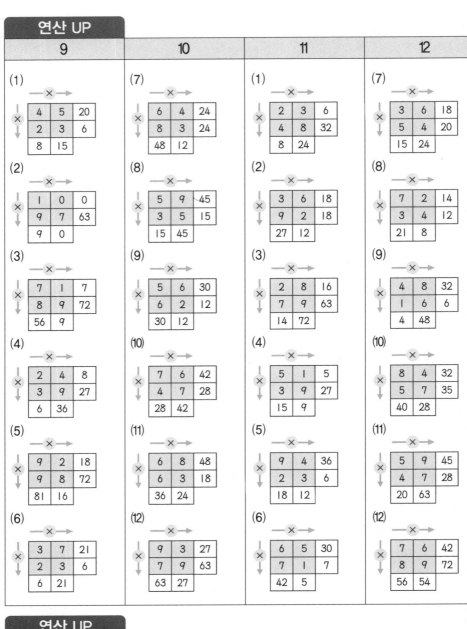

연산 UP

13	14	15	16
(1) 12개	(4) 24개	(1) 30문제	(4) 18송이
(2) 10명	(5) 56권	(2) 28마리	(5) 32개
(3) 20판	(6) 63명	(3) 54명	(6) 54개